农村危险房屋鉴定技术导则

培 训 教 材

住房和城乡建设部村镇建设司　组织编著

中国建筑工业出版社

图书在版编目（CIP）数据

农村危险房屋鉴定技术导则培训教材/住房和城乡建设部村镇
建设司组织编著. —北京：中国建筑工业出版社，2009
ISBN 978-7-112-11152-7

Ⅰ. 农…　Ⅱ. 住…　Ⅲ. 农村-建筑物-鉴定-技术培训-教材
Ⅳ. TU746

中国版本图书馆 CIP 数据核字（2009）第 122906 号

本书是与《农村危险房屋鉴定技术导则》（试行）配套的培训教材，由住房和城乡建设部村镇建设司组织编写。全书共分三个部分，分别是农村主要类型结构房屋受力及破坏特点、《农村危险房屋鉴定技术导则》解析和农村房屋鉴定案例，附录部分还给出了导则全文及配套程序说明。

本书供农村危险房屋鉴定人员培训使用，也可供相关技术人员参考。

* * *

责任编辑：王　跃　牛　松
责任设计：赵明霞
责任校对：兰曼利

本书附配套素材，下载地址如下：
www. chinaprestress. com/main/? p＝4
www. cabp. com. cn/td/cabp18400. rar

农村危险房屋鉴定技术导则培训教材
住房和城乡建设部村镇建设司　组织编著
*
中国建筑工业出版社出版、发行（北京西郊百万庄）
各地新华书店、建筑书店经销
北京红光制版公司制版
北京富生印刷厂印刷
*
开本：787×1092 毫米　1/16　印张：10½　字数：262 千字
2009 年 8 月第一版　2011 年 8 月第三次印刷
定价：**28. 00** 元（附网络下载）
ISBN 978-7-112-11152-7
（18400）

本书编委会

主　编　李兵弟　　赵　晖　　熊学玉

编　委　（按姓氏笔画排序）

王　步　　王旭东　　牛大刚　　白正盛

刘李峰　　陈大川　　林建萍　　郑毅敏

赵考重　　俞　婕　　侯建国　　顾宇新

顾　炜　　徐素君　　郭子雄　　潘　文

参　编　张可文　　鲁兆红　　朱彦鹏　　王毅红

张建荣　　孙　强　　李春祥　　关贤军

何金胜　　林文修　　赵　强　　陈宇峰

石振明　　汪继恕　　高　峰　　范新海

王宇新　　朱毅敏　　何仕英

序

    2009 年 4 月，我部颁布了《农村危险房屋鉴定技术导则（试行）》，用以统一和规范各地农村危险房屋鉴定、普查工作。为指导和帮助各地依据导则要求做好农村危险房屋鉴定，我们委托同济大学会同有关设计、研究和教学单位编写了《农村危险房屋鉴定技术导则》培训教材，主要用于对农村危险房屋普查技术人员的培训，也可供村镇建设技术人员维修加固农村住房时参考。

    在编写过程中，编写组深入实地，主动听取基层规划建设管理人员、农村建筑工匠和改造住房农户的意见和建议，力求以图文并茂、通俗易懂的方式，向村镇建设技术人员和农民介绍不同结构类型农房的主要危险表现，以及鉴定时应把握的关键技术环节。因时间紧、任务重，各地农房状况及自然条件影响差异较大，教材形式和内容会与广大基层工作者的期望有一些差距，希望大家多提宝贵意见，供我们再版时补正、采纳。

住房和城乡建设部村镇建设司

李兵弟　司长

2009 年 7 月 22 日

目　　录

绪　　论

一、我国农村房屋现状

我国农村房屋的特点是量大、面广、分散。我国东、西、南、北地域广阔，自然地理和社会经济条件差异较大，不同的自然地理与社会经济条件对农村房屋风格产生了深远的影响，逐步形成了各具风格、就地取材的农村房屋地方特色。

改革开放 30 年来，我国农民住房建设取得了令世人瞩目的成就。截至 2008 年底，全国村镇住宅建筑面积约为 300 亿 m^2，其中永久性和半永久性结构住房占了绝大部分；农民人均住宅建筑面积约为 $30m^2$。进入 21 世纪以来，新建、翻建住房农户每年都有很多。在农民住房状况总体上得到改善的同时，各地农村仍有部分困难群众居住危险住房，且难以仅依靠自身力量改造。

鉴于此，住房和城乡建设部委托同济大学等单位对我国部分地区农村危险房屋进行了调研。调研结果显示，东北地区的泥草房，西北地区的土坯房、石头房，西南地区的茅草房、石板房，大部分建造年代久远，地基失陷，墙体歪闪，柱梁朽烂，屋顶变形塌落现象普遍；在经济相对发达的华北、华中、华南、华东地区，农村也有呈散点状零散分布的危房。综合来看，东部地区以及中西部地区经济发展水平较高的城镇郊区，交通干线沿线农村危房比率较低；西部地区经济发展滞后，地理位置偏僻闭塞，自然环境较为恶劣地区农村危房比率较高。

二、我国农村房屋建造特点

由于我国农村居民在生活方式、生活环境等诸多方面与城市居民存在不同，农村房屋建设具有许多普通城市房屋建设所没有的特点。大多数农村房屋建设基本没有经过正规设计，施工主要依靠工匠经验和传统经验，大多未进行科学选址，一般就地取材，房屋类型较多且离散性大。目前农村房屋建设由于受小农经济的制约，呈现分散零乱一户一宅的面貌。建筑外观在很大程度上相互模仿，千宅一面，使用功能和住宅布置不够合理，造型单调，缺少统一规划，由此引发的农村房屋建设工程质量问题令人担忧，诸如墙体开裂、室内粉刷脱落、屋面漏水、基础墙角潮湿剥落等，每年都有大量施工事故发生，造成财产损失和人员伤亡。由于房屋建设质量低劣，抵御自然灾害的能力差，每年都有成千上万间房屋毁于地震、洪水等自然灾害。

1. 设计方面

我国农村房屋的建造通常是自筹自建，由当地的建筑工匠根据房主的经济状况和使用要求，按照当地的传统和风俗习惯，根据工匠个人的建房经验，在房主自己的宅基地上建造的。其房屋结构形式简单，建筑格调大致相似，结构布置具有随意性，使用功能和房间布置不够合理，造型单调，缺少统一规划及合理的设计和施工，无地质勘探资料和相关经验，不经过设计单位设计，缺乏结构设计概念，无抗震设防意识。由于对房屋设计的严重疏忽，导致了房屋结构不合理，难以承受上部结构传来的荷载而产生不均匀沉降、开裂、变形，甚至失稳，房屋的安全度设置水平和抵御自然灾害的能力极低。

2. 材料

农村房屋施工时，一般就地取材，由于对原材料缺乏必要的质量控制和检验措施，导致部分房屋在施工中使用一些劣质材料，其结果是安全隐患多，容易出现砖墙承载力不足而引起的倒塌事故。在农村砖砌体房屋中，欠火砖是比较常见的劣质砖，它孔隙率大、强度低、吸水率高、耐久性差，会对砖墙的抗压、抗剪性能产生影响；砂中泥土及杂质含量较高，对砂浆强度影响较大。

3. 施工与管理

相对于城市建筑，农村建房时，施工人员大多为当地人，未经专业培训，技术素质低，房屋质量得不到保证。农村建房都是一家一户，建筑规模小，大的施工队不愿承揽，施工队伍大多是由个体瓦工、木工等拼凑而成，一般都没有经过正规培训和专业技术考核，缺乏基本的建筑施工知识，技术工艺落后，施工不得要领。比如，在配制砂浆、混凝土时不知道何为配合比，粗细骨料也不称量，凭经验搅拌，对砌筑砂浆或浇筑的混凝土要求达到的强度等级心中无底；砌筑质量差，灰缝不标准，通缝现象严重，砂浆饱满度不足；预埋的拉结筋随意放置，长度、方向、间距都不标准，造成纵横墙接槎不牢；干砖上墙，因砂浆严重失水而导致砌体强度降低。以上种种做法都降低了房屋结构的安全性、可靠性，使房屋的质量得不到保证。

此外，农村建房很分散，又是农民自己的事，所以几乎无人、无部门管理，存在许多问题，仅房屋规划选址中就存在以下问题。①无统一规划、乱挖乱建。我国的农村，尤其是山区，长期以来村民房屋建设都没有规划，由村民自己选择房址。就连乡村的小城镇建设也没有规划，由乡、村的干部说了算。②不知道环境调查和地基勘测。农村大多数建房者不知道、也不懂得建房前要进行选址，对建房环境要进行调查，对房基要进行简易勘测。房址选择非常随意。③无统一技术管理。长期以来，农村建房只需村、乡行政审批即可，基本无技术要求。偏远的山区连行政审批也没有，几乎就是无人管理。

三、农村房屋存在的问题

农村房屋无统一设计规划，无规范的施工流程，无严格的质量监管，无完善的后期维护，导致房屋结构设计不合理，施工随意性大，留有许多安全隐患。目前，农村建房95％以上无正规施工图，建房时东抄西仿，仅凭经验动工，在建造过程中随意拆改，建筑质量无保障，抗灾能力低。农村房屋存在的问题主要有以下几方面：

1. 农村房屋多数都不搞地质勘察，随意选址，致使不少房屋建在陡坡、陡崖脚、滑坡、崩塌、泥石流等地质灾害易发区内，存在严重的灾害隐患。

2. 农村房屋大多无基础或基础较浅，无法满足上部承载力要求，导致结构出现裂缝、变形、沉降，甚至倒塌。

3. 农村建房过程中随意性较大，无论是结构设计、建造施工或是建筑材料的选用都十分不规范，致使工程质量低下。

4. 住宅装饰不规范，随意破坏承重的梁和柱；或者超载使用，随意搭建木架、木条用于储藏、堆放东西等，使得房屋部分构件受损，影响建筑物安全。

5. 管理不善，人为损伤形成的危害较大。缺乏定期维护、养护，或有损不修、维修不及时，或维护不当而导致房屋结构构件荷载增大，腐朽、锈蚀、损坏程度加重；或沟渠损坏，排水不畅，地表积水、渗漏，软化地基而造成构件强度削弱，基础变形，承载力下降，结构耐久性降低；不合理使用，随意扩建加层，增加荷载，改变使用用途，使用环境或荷载条件有明显改变，不符合设计要求而产生危害；野蛮装修，盲目更改结构或擅自拆改结构构件，加大使用荷载，私搭乱建等，导致结构承载力下降，整体性受破坏，甚至倒塌；老旧房屋由于年代久远，建筑材料性能恶化，尤其是一些以土坯砌成的墙体，长年遭受风吹雨打，墙体的有效承载面积逐渐减小，严重影响了结构的安全。

6. 农村建设方面的法律、法规贯彻力度不够。由于各级领导和从事村镇建设的执法人员对法律、法规贯彻力度不够，未能及时把与广大农民有密切联系的有关法律、法规贯彻到位，致使相当一部分农民法律意识淡薄，甚至不懂法。有人认为自己花钱建房子是自己的事，别人管不着。同时也给不少建筑包工头制造了"良好"的发财机会，趁机大捞黑心钱，房屋工程质量低劣。

7. 农村建房的监督机制滞后。村镇建设部门极少对承建者的资质进行查验，管理力度极其薄弱，没有严格的规章制度和专职的管理人员，对施工中出现的各种问题无法实施有效的监管。

针对我国农村房屋现状，住房和城乡建设部制定了《农村危险房屋鉴定技术导则》（建村函［2009］69号）（以下简称导则），以指导全国农村危险房屋鉴定工作。为了帮助相关技术人员在实际工作中更好地理解、掌握、应用导则条文，住房和城乡建设部村镇建设司特组织导则主要参编人员编写了这本培训教材。本教材正文有三部分内容，分别为农村主要类型结构房屋受力及破坏特点、《农村危险房屋鉴定技术导则》解析、农村房屋鉴定案例，附录部分给出了导则全文和农村危险房屋鉴定系统使用说明，以方便大家查阅使用。

1 农村主要类型结构房屋受力及破坏特点

1.1 砌体结构房屋

1.1.1 砌体结构—墙体承重房屋

1. 结构特点

砌体结构—墙体承重房屋是指砌体墙为竖向承重构件，屋盖采用木檩条（或称木梁）搁置于横墙上作为水平承重构件的房屋。

该类结构的房屋，横墙设置多且为主要的竖向承重构件。其具有隔间多、空间小、房间布置不灵活的缺点；同时，结构的横向抗侧刚度大，因此具有抵抗水平作用（如风、地震）能力强的优点。

2. 受力特点

1）结构传力路径

（1）竖向传力路径：屋面材料（如瓦片、茅草等）荷载→木檩条→横墙→基础→地基。

（2）水平传力路径：

① 纵向水平荷载：

纵墙→基础→地基。

纵向水平荷载→山墙→檩条→横向砌体墙→基础→地基。

② 横向水平荷载：

纵墙→基础→地基。

横向水平荷载→纵墙→横墙→基础→地基。

2）构件受力特点

（1）墙体：① 墙体作为竖向承重构件，以受压为主；② 屋盖变形导致的横向推力以及基础的不均匀变形会导致墙体平面内出现弯曲，使得墙体实际上处于偏心受压状态；③ 檩条下部分墙体局部承压。

（2）檩条：简支构件，危险截面为跨中（弯矩最大）及两支承端截面（剪力最大）。

3. 破坏特点

砌体结构—墙体承重房屋的破坏特点归纳如下：

（1）横墙受压裂缝（图1-1）；

（2）外纵墙向外鼓闪（图1-2）；

（3）纵横墙交接处墙体开裂（图1-3）；

（4）门窗上角处斜裂缝（图1-4）；

（5）外纵墙端下部裂缝（图1-5）；

（6）施工质量引起的构件破损（图1-6）。

图 1-1 横墙受压裂缝

图 1-2 外纵墙向外鼓闪　　图 1-3 纵横墙交接处墙体开裂

图 1-4 窗上角处斜裂缝

图 1-5 外纵墙端下部裂缝

(a)　　　　　　　　　　　　　　　　　(b)

(c)

图 1-6　施工质量引起的构件破损

(a) 砖砌体质量不高；(b) 砌筑砂浆强度低；(c) 砖块松动

1.1.2　砌体结构—墙体和木屋架房屋

1. 结构特点

砌体墙—木屋架房屋是指砌体墙为竖向承重构件，屋盖采用木屋架（搁置于纵墙上）作为水平承重构件的房屋。屋架上布置檩条用来铺设屋面材料。

该类结构的房屋，纵墙为主要的竖向及水平向承重构件。具有隔间少、空间大、房间布置灵活的优点。同时却具有横向抗侧刚度小，抵抗横向水平作用（如风、地震）能力弱的缺点。

2. 受力特点

1）结构传力途径

（1）竖向传力路径：屋面材料荷载→檩条→木屋架→纵墙→基础→地基。

（2）水平传力路径：

① 纵向水平荷载→纵墙→檩条→横墙→基础→地基。

纵向水平荷载→山墙→木屋架→纵墙→基础→地基。

② 横向水平荷载→纵墙（木屋架作为纵墙间的连系构件）→基础→地基。

2）构件受力特点

（1）墙体：①墙体作为竖向承重构件，以受压为主；②墙体实际上处于偏心受压状态；③屋架下部墙体局部承压。

（2）木屋架：简支构件，危险截面为跨中（弯矩最大）及两支承端截面（剪力最大）。

3. 破坏特点

砌体墙—木屋架房屋的破坏特点归纳如下：

（1）墙体受压开裂（图1-7）；

（2）外纵墙向外鼓闪（图1-8）；

图1-7　墙体受压开裂（裂缝宽度超过2cm）

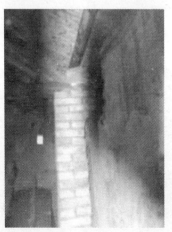

图1-8　外纵墙向外鼓闪

（3）纵横墙交接处开裂（图1-9）；

（4）纵墙局部承压破坏（图1-10）；

（5）窗上角处斜裂缝（图1-11）；

（6）门过梁与墙体脱离（图1-12）；

（7）木屋架杆件破坏（图1-13）；

（8）施工质量问题（图1-6）。

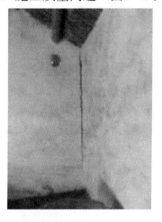 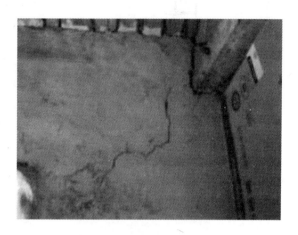

图1-9 纵横墙交接处开裂　　　　图1-10 纵墙局部承压破坏

图1-11 窗上角处斜裂缝　　　　图1-12 门过梁与墙体脱离

图1-13 木屋架杆件破坏

1.1.3 砌体结构—混凝土板房屋

1. 结构特点

砌体墙—混凝土板房屋是指砌体墙为竖向承重构件，屋盖采用混凝土板作为水平承重构件的房屋。按混凝土板的布设方式可分为装配式和现浇式。混凝土板四边支承于墙体之上，良好的设计保证荷载合理地分配于纵横墙，避免了单侧墙体的集中受力，充分发挥了纵横墙的承载性能。实际检测也发现，砌体墙—混凝土板房屋，其破损程度明显小于其他结构类型的房屋。

2. 受力特点

1) 结构传力途径

(1) 竖向传力路径：屋面材料荷载→混凝土板→砌体墙→基础→地基。

(2) 水平传力路径：水平荷载→纵（横）墙→基础→地基。

2) 构件受力特点

(1) 墙体：①墙体作为竖向承重构件，以受压为主；②墙体实际上处于偏心受压状态；③温度变化时，砌体墙与混凝土板由于变形不同产生温度应力；④混凝土梁下墙体局部承压。

(2) 混凝土板：温度降低时，混凝土板截面出现均布拉应力，会导致板开裂。

(3) 混凝土梁：受弯、受剪及弯剪复合。

3. 破坏特点

砌体墙体—混凝土板房屋的破坏特点归纳如下：

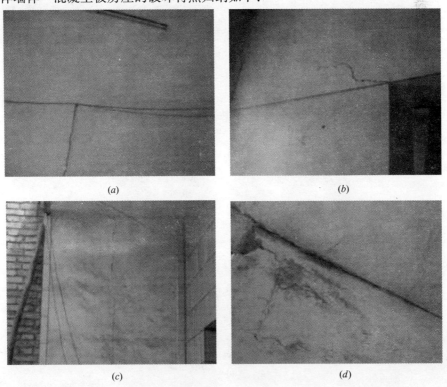

图 1-14　墙体开裂

(a) 斜贯穿裂缝；(b) 门过梁上斜裂缝；(c) 墙体竖向贯穿裂缝；(d) 墙体裂缝

(1) 墙体开裂（图 1-14）；

(2) 混凝土挑梁开裂（图 1-15）；

(3) 混凝土梁开裂（图 1-16）；

(4) 梁下墙体局部承压开裂（图 1-17）。

(a)　　　　　　　　　　　　　　　(b)

图 1-15　混凝土挑梁开裂

（a）混凝土挑梁斜剪裂缝；（b）混凝土挑梁局部压碎

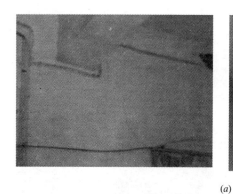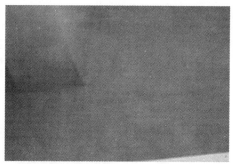

(a)

(b)

图 1-16　混凝土梁开裂

（a）混凝土梁剪切裂缝；（b）梁受弯裂缝

图 1-17　梁下墙体局部承压开裂

1.2　木结构房屋

1.2.1　穿斗木结构房屋

1. 结构特点

穿斗木结构的特点是沿房屋的进深方向按檩数立一排柱，每柱上架一檩，檩上布椽，屋面荷载直接由檩传至柱，不用梁。每排柱子靠穿透柱身的穿枋横向贯穿起来，成一榀构架。每两榀构架之间使用斗枋和纤子连接起来，形成一间房间的空间构架。斗枋用在檐柱柱头之间，形如抬梁构架中的阑额；纤子用在内柱之间。斗枋、纤子往往兼作房屋阁楼的龙骨。穿斗式木构架房屋的墙属隔墙，不承重。山墙是悬臂构件。

2. 受力特点

1) 结构传力路径

（1）竖向传力路径：屋面材料→檩条→柱→基础→地基。

（2）水平传力路径：

① 横向水平荷载→柱→基础→地基。

② 纵向水平荷载→山墙和柱→基础→地基。

2) 构件受力特点

（1）柱直接承受檩条自重及其传来的屋面材料重量；

（2）山墙为悬臂构件，墙底弯矩和剪力大。

3. 破坏特点

穿斗木结构的破坏特点可归纳如下：

（1）椽腐蚀严重（图 1-18）；

（2）穿枋上承受附加荷载（图 1-19）；

（3）木柱倾斜（图 1-20）；

（4）木柱压弯（图 1-21）。

图 1-18　椽腐蚀严重

图 1-19　穿枋上承受附加荷载

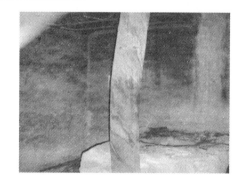

图 1-20　木柱倾斜　　　　　　　　　　　　图 1-21　木柱压弯

1.2.2　木柱木梁房屋

1. 结构特点

木柱木梁房屋是指木柱为竖向承重构件，屋盖采用木梁作为水平承重构件的房屋。梁上铺设屋面材料。

2. 受力特点

结构传力路径：

（1）竖向传力路径：

屋面材料→梁→柱→基础→地基。

（2）水平传力路径：

水平荷载→柱→基础→地基。

3. 破坏特点

木梁木柱结构破坏特点归纳如下：

（1）木柱倾斜（图1-22）；

（2）木柱开裂（图1-23）；

（3）梁柱节点破坏严重（图1-24）；

（4）木梁开裂（图1-25）。

图1-22　木柱倾斜　　　　　　　　　　　　图1-23　木柱开裂

图1-24　梁柱节点破坏严重　　　　　　　　图1-25　木梁开裂

1.2.3　木柱木屋架房屋

1. 结构特点

木柱木屋架房屋是指木柱为竖向承重构件，屋盖采用木屋架作为水平承重构件的房屋。屋架上布置檩条用来铺设屋面材料。

2. 受力特点

（1）竖向传力路径：

屋面材料→檩条→木屋架→木柱→基础→地基

（2）水平传力路径：

① 纵向水平荷载→横向柱（同时由檩条传递到纵向柱）→基础→地基

② 横向水平荷载→纵向柱（同时由木屋架传递到横向柱）→基础→地基。

3. 破坏特点

木柱木屋架房屋的破坏特点归纳如下：

(1) 木柱倾斜（图 1-26）；

(2) 木屋架腐蚀（图 1-27）；

(3) 木柱开裂（图 1-28）；

(4) 梁柱节点危险（图 1-29）；

(5) 木柱腐蚀严重（图 1-30）；

(6) 木屋架下弦杆承受附加荷载（图 1-31）。

图 1-26　木柱倾斜

图 1-27　木屋架腐蚀

图 1-28　木柱开裂

图 1-29　梁柱节点危险

图 1-30　木杆腐蚀严重

图 1-31　木屋架下弦杆承受附加荷载

1.3　生土结构房屋

　　生土是没经过焙烧而只作简单加工的原状土，如黄土、灰土。生土结构房屋泛指用生土营造主体结构的房屋。生土作为一种建筑材料，是自然、健康、环保和经济的，不仅在我国得到了广泛的应用，也是世界最古老的建筑材料之一。生土房屋的建造，通常是由当地的建筑工匠，根据房主的经济情况和要求，按照当地的传统习惯建造的，一般不经过设计单位设计。其特点是构造简单，房屋的结构形式和建筑风格表现出明显的地域特性。生土建筑按形式、结构特点大致可分为拱窑、崖窑、生土墙承重房屋、木架（或砖柱）与生土墙混合承重房屋等。其中，生土墙承重房屋又可分为夯土墙承重、土坯墙承重和夯土、土坯墙混合承重房屋。

1.3.1　生土结构—墙体承重房屋

　　1. 结构特点

　　生土墙体承重房屋一般呈硬山搁檩型，全部墙体用土坯或夯土建成。夯土墙墙厚从400～800mm 不等，内墙也可做 300mm，墙顶上搁檩建顶，大多为双坡屋顶。也有单坡形式，房屋后墙比前墙高出 1.5～2.0m，前墙留有门窗。双面坡的房屋前后墙均可开门窗，土坯墙一般前后墙顶顺墙长方向架檩，檩上铺椽建顶。土坯墙体采用泥浆砌筑，土坯尺寸根据地区不同而有差异。生土墙墙体有土坯墙、夯土墙和夯土土坯混合墙体三种，其中夯土土坯墙墙体下部为夯土墙，约占墙高的2/3，上部为土坯砌筑。生土墙下一般设置条形基础，根据当地的材料资源及自然条件，有毛石基础、卵石基础、砖基础和灰土基础等，一些毛石基础的石料较碎，呈片状。基础埋深约300～800mm，宽度根据基础材料的不同而各不相同，但每边超出勒脚至少150mm，露出地面高度一般为200～300mm。

夯土墙厚度一般在350～400mm之间，通常上面较薄，下面较厚，这样有利于墙体结构的稳固。其所用材料主要有两种，一种是素土，即黏土或砂质黏土；另一种是掺入了碎石、砂和石屑的土。后者的强度要高于前者，故其常用在建筑物的台基中。夯筑过程中，在夯层与夯层之间，往往放置木条、苇子等，以起到横向拉结的作用。在门窗洞口上方，预埋木质过梁，一般情况下，门窗洞口与墙体一起夯筑，拆模后，再凿出洞口。

另外一种为土坯块砌筑而成的墙体。在砖成为主要建材之前，我国北方农村主要使用土坯建房。土坯房具有许多优点，如可就地取材，制作简单，施工方便，热工性能好，隔声性好，并且其材料为天然泥土，故健康环保。但是，由于其强度较低，防水性较差，采光也受限制，现今在大多数农村已被砖房所取代。

墙体是生土建筑的主体部分，土墙具有良好的保温隔热性能，但强度不高，易吸水软化，故防水防潮是生土建筑的关键技术，传统土墙采用土筑和土坯两种，门窗孔洞预留或后挖。土坯墙的优点是把整体土墙划分为小块，提前了干燥时间，减轻了筑墙的劳动强度，并可商品化供应，有干制坯和湿制坯两种。另有土坯与烧制砖的混合砌筑方法。

屋面是生土建筑另一个重要构成部分，干旱地区用草泥作屋面。土坯拱及窑洞屋面系统全部用土坯砌筑，不用一点木材和砖石，弱点是只靠土坯本身的强度，纵向无咬接，拱顶的强度低，如拱矢过高会造成拱体受弯而容易破坏。

2. 受力特点

荷载主要传递路线：屋盖→生土墙→基础→地基。

在分析房屋受力时，对于纵墙可以看作竖立着的柱子，一端嵌固于基础上，另一端支承于屋盖结构上。将屋盖看作水平方向的梁，其跨度等于两山墙的距离，支承于两端山墙。山墙则看作竖向的悬臂梁，其跨度等于房屋的高度，嵌固于基础上。当水平风荷载作用于房屋时，一部分则传给了山墙。使得风荷载的传力体系已不是仅在纵墙的平面受力体系上，即风荷载不是在纵墙和屋盖组成的平面排架内传递，而且通过屋盖平面和山墙平面传递，即组成了空间受力体系。由此可知，房屋空间受力作用的大小一是取决于纵墙本身的刚度；二是与屋面结构水平刚度和墙刚度变形有密切关系。

3. 破坏特点

1）纵墙裂缝（图1-32～图1-36）

房屋纵墙处裂缝主要出现在土砌块接缝处、墙身处以及檩条下面。裂缝宽度从5～20mm不等，为垂直裂缝及部分斜裂缝，具有数目多、长度长的特点。此外，在墙体的

图1-32 纵墙上数目众多的裂缝

门窗洞口处常有八字形裂缝。

图 1-33　贯穿整面墙体的裂缝

图 1-34　墙体连接处裂缝

图 1-35　门口上方斜裂缝

图 1-36　窗口八字形裂缝

2）山墙裂缝（图 1-37、图 1-38）

山墙裂缝主要出现在纵横墙连接处、檩条或梁搁置处等，一般宽度达到 10mm 以上。同时注意到墙体表面有出现较大面积的表面脱落现象。

3）生土墙体风化（图 1-39、图 1-40）

长期受自然环境风化侵蚀与屋面漏雨受潮又干燥的反复作用，受压墙表面风化、剥落、泥浆分化，有效面积削弱达 1/4 以上。一般生土结构的墙体在墙脚处受雨水冲蚀较严重，因此表面脱落多出现在此处。

4）墙体局压裂缝（图 1-41、图 1-42）

支承梁或屋架端部的墙体或柱截面因局部受压产生竖向裂缝。

图 1-37　梁下裂缝

图 1-38　较大面积的表面脱落情况

图 1-39　墙脚处剥落，脱落

图 1-40　墙体大面积削弱，明显超过 1/4 面积

图 1-41　梁端局部压坏斜裂缝

图 1-42　局部压坏裂缝（室内）

5）墙体倾斜（图1-43、图1-44）

墙产生倾斜，其倾斜率大于0.5%，墙出现挠曲鼓闪。

图1-43　墙体倾斜　　　　　　　　　图1-44　墙体鼓曲

6）施工不规范（图1-45、图1-46）

由于农村建房时施工过程不规范，而且部分房屋建造时为了节省开支，因此在砌筑墙体出现了多种不同质量土块混乱堆砌的现象。不仅如此，砌筑工艺不规范，无错缝，或者是灰缝不饱满等等问题屡见不鲜。这些都给房屋的正常使用带来了严重的安全隐患。

图1-45　多种材料混砌　　　　　　　　图1-46　砌筑工艺不规范

1.3.2　生土结构—墙体和木屋架承重房屋

1. 结构特点

生土结构基本特点如前所述，当有木屋架混合承重时，屋架起到支撑屋面檩条及屋面板的作用，同时减少内承重墙的数目，可以增大房屋的开间，提高可利用的面积。

2. 受力特点

受力方面，屋盖系统增加了木屋架作为承重体系一部分，提高了整个屋盖系统的承载能力，具体荷载传递的变化如下：

荷载主要传递路线：屋盖→生土→基础→地基。

其中屋盖系统传力路线为：屋面→檩条→屋架。

3. 破坏特点

生土墙的破坏形态如前面所述。在生土墙—木屋架承重体系的房屋中还存在着木屋架系统与土墙的连接问题、木屋架节点连接问题、木屋架形式问题以及木材腐朽、出现材质缺陷等问题。具体如下所述：

（1）房屋的木梁、屋盖的檩条仅简单地搁置在土墙上，与竖向墙体无可靠的连接，对竖向墙体平面外的稳定性不能发挥有效的作用（图1-47）。当强风吹落屋面上的青瓦时，屋盖檩条几乎完全丧失对竖向墙体的拉结作用，导致竖向墙体全部或部分倒塌，端开间由于山墙倒塌造成屋架下落（图1-48）。

图1-47　木檩条简单搁置

图1-48　土墙倒塌导致屋架破坏

（2）木屋架节点连接不当，有些甚至于不设连接键（图1-49），使得屋架抵抗变形与侧向力的能力低下，造成安全隐患。

（3）屋架形式简单，设计不当，不利于受力和承载（图1-50、图1-51）。

（4）木材腐朽、材质缺陷（图1-52）。

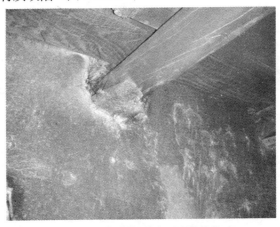

图1-49　木屋架节点无可靠连接

图 1-50　屋架形式不当（整体视角）

图 1-51　屋架形式不当（细部）

图 1-52　木材腐朽

2 《农村危险房屋鉴定技术导则》解析

2.1 概述

《农村危险房屋鉴定技术导则》是农村危险房屋鉴定的主要技术依据，考虑到我国农村地区的实际情况，导则以定性鉴定为主，必要时采用定量鉴定方法。

农村危险房屋鉴定是一项技术性较强的工作，因此，鉴定人员必须具有一定的专业知识或经过培训上岗。本部分内容对导则规定的鉴定程序、定性定量鉴定方法及主要类型房屋和构件检测方法进行了详细讲解，同时给出了大量实物图片，以帮助广大鉴定人员尽快掌握鉴定方法。

2.2 鉴定程序

农村危险房屋鉴定程序如图 2-1 所示。

（1）受理委托：根据委托人要求，确定房屋危险性鉴定内容和范围；

（2）初始调查：收集调查和分析房屋原始资料，并进行现场查勘；

（3）场地危险性鉴定：收集调查和分析房屋所处场地地质情况，进行危险性鉴定；

（4）检查检测：对房屋现状进行现场检测，必要时，宜采用仪器量测并进行结构验算；

（5）鉴定评级：对调查、查勘、检测、验算的数据资料进行全面分析，综合评定，确定其危险等级，包括定性与定量鉴定；

（6）处理建议：对被鉴定的房屋，提出原则性的处理建议；

（7）出具报告：报告式样应符合本导则附录的规定。

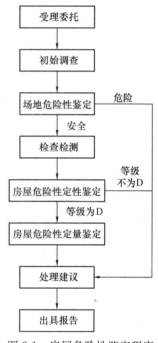

图 2-1 房屋危险性鉴定程序

2.3 房屋危险性定性鉴定方法

定性鉴定现场检查的顺序宜为先房屋外部，后房屋内部。破坏程度严重或濒危的房屋，若其破坏状态显而易见，可不再对房屋内部进行检查。

房屋外部检查的重点宜为：

（1）房屋的结构体系及其高度、宽度和层数；

（2）房屋的倾斜、变形；

（3）地基基础的变形情况；

（4）房屋外观损伤和破坏情况；

（5）房屋附属物的设置情况及其损伤与破坏现状；

（6）房屋局部坍塌情况及其相邻部分已外露的结构、构件损伤情况。

根据以上检查结果，应对房屋内部可能有危险的区域和可能出现的安全问题作出鉴定。

房屋内部检查时，应对所有可见的构件进行外观损伤及破坏情况的检查；对承重构件，可剔除其表面装饰层进行核查。对各类结构的检查要点如下：

（1）着重检查承重墙、柱、梁、楼板、屋盖及其连接构造；

（2）检查非承重墙和容易倒塌的附属构件，检查时，应着重区分抹灰层等装饰层的损坏与结构的损坏。

2.3.1 等级划分

房屋可分为地基基础、上部承重结构和围护结构三个组成部分。

房屋各组成部分危险性鉴定，应按下列等级划分：

（1）a级：无危险点；

（2）b级：有危险点；

（3）c级：局部危险；

（4）d级：整体危险。

房屋危险性鉴定，应按下列等级划分：

（1）A级：结构能满足正常使用要求，未发现危险点，房屋结构安全。

（2）B级：结构基本满足正常使用要求，个别结构构件处于危险状态，但不影响主体结构安全，基本满足正常使用要求。

（3）C级：部分承重结构不能满足正常使用要求，局部出现险情，构成局部危房。

（4）D级：承重结构已不能满足正常使用要求，房屋整体出现险情，构成整幢危房。

2.3.2 房屋评定方法

1. A级

（1）地基基础：地基基础保持稳定，无明显不均匀沉降；

（2）墙体：承重墙体完好，无明显受力裂缝和变形；墙体转角处和纵、横墙交接处无松动、脱闪现象，非承重墙体可有轻微裂缝；

（3）梁、柱：梁、柱完好，无明显受力裂缝和变形，梁、柱节点无破损，无裂缝；

（4）楼、屋盖：楼、屋盖板无明显受力裂缝和变形，板与梁搭接处无松动和裂缝。

2. B级

（1）地基基础：地基基础保持稳定，无明显不均匀沉降；

（2）墙体：承重墙体基本完好，无明显受力裂缝和变形；墙体转角处和纵、横墙交接处无松动、脱闪现象；

（3）梁、柱：梁、柱有轻微裂缝；梁、柱节点无破损、无裂缝；

（4）楼、屋盖：楼、屋盖有轻微裂缝，但无明显变形；板与墙、梁搭接处有松动和轻微裂缝；屋架无倾斜，屋架与柱连接处无明显位移；

（5）次要构件：非承重墙体、出屋面楼梯间墙体等有轻微裂缝；抹灰层等饰面层可有裂缝或局部散落；个别构件处于危险状态。

3. C级

（1）地基基础：地基基础尚保持稳定，基础出现少量损坏；

（2）墙体：承重的墙体多数轻微裂缝或部分非承重墙墙体明显开裂，部分承重墙体明显位移和歪闪；非承重墙体普遍明显裂缝；部分山墙转角处和纵、横墙交接处有明显松动、脱闪现象；

（3）梁、柱：梁、柱出现裂缝，但未达到承载能力极限状态；个别梁柱节点破损和开裂明显；

（4）楼、屋盖：楼、屋盖显著开裂；楼、屋盖板与墙、梁搭接处有松动和明显裂缝，个别屋面板塌落。

4. D级

（1）地基基础：地基基本失去稳定，基础出现局部或整体坍塌；

（2）墙体：承重墙有明显歪闪、局部酥碎或倒塌；墙角处和纵、横墙交接处普遍松动和开裂；非承重墙、女儿墙局部倒塌或严重开裂；

（3）梁、柱：梁、柱节点破坏严重；梁、柱普遍开裂；梁、柱有明显变形和位移；部分柱基座滑移严重，有歪闪和局部倒塌；

（4）楼、屋盖：楼、屋盖板普遍开裂，且部分严重开裂；楼、屋盖板与墙、梁搭接处有松动和严重裂缝，部分屋面板塌落；屋架歪闪，部分屋盖塌落。

2.4 房屋危险性定量鉴定

2.4.1 一般规定

危险构件是指其损伤、裂缝和变形不能满足正常使用要求的结构构件。结构构件的危险性鉴定应包括构造与连接、裂缝和变形等内容。

单个构件的划分应符合下列规定：

（1）基础：

①独立柱基：以一根柱的单个基础为一构件；

②条形基础：以一个自然间一轴线单面长度为一构件。

（2）墙体：以一个计算高度、一个自然间的一面为一构件。

（3）柱：以一个计算高度、一根为一构件。

（4）梁、檩条、搁栅等：以一个跨度、一根为一构件。

（5）板：以一个自然间面积为一构件；预制板以一块为一构件。

（6）屋架、桁架等：以一榀为一构件。

2.4.2 房屋危险性综合评定原则与方法

房屋危险性鉴定应以整幢房屋的地基基础、结构构件危险程度的严重性鉴定为基础，结合历史、环境影响以及发展趋势，全面分析，综合判断。

在地基基础或结构构件危险性判定时，应考虑其危险性是孤立的还是相关的。当构件危险性孤立时，不构成结构系统的危险；否则，应联系结构危险性判定其范围。

全面分析、综合判断时，应考虑下列因素：

(1) 各构件的破损程度；

(2) 破损构件在整幢房屋结构中的重要性；

(3) 破损构件在整幢房屋结构中所占数量和比例；

(4) 结构整体周围环境的影响；

(5) 有损结构安全的人为因素和危险状况；

(6) 结构破损后的可修复性；

(7) 破损构件带来的经济损失。

2.5 检测仪器及使用方法

2.5.1 卷尺

卷尺是用来测量较长工件的尺寸或距离的一种测量工具，如图 2-2 所示。

使用方法：卷尺主要由尺带、盘式弹簧（发条弹簧）、卷尺外壳三部分组成，所谓盘式弹簧，就是像旧式上链式钟表里的发条。当拉出刻度尺时，盘式弹簧被卷紧，产生向回卷的力，当松开刻度尺的拉力时，刻度尺就被盘式弹簧的拉力拉回。

2.5.2 钢尺

钢尺是最常用的丈量工具，如图 2-3 所示。

图 2-2 卷尺

使用方法：钢尺根据零点位置的不同，又可分为端点尺和刻线尺两种。端点尺是以尺的最外端边线作为刻划的零线，当从建筑物墙边开始量距时使用很方便；刻线尺是以刻在钢尺前端的"0"刻划线作为尺长的零线，在测距时可获得较高的精度。由于钢尺的零线不一致，使用时必须注意钢尺的零点

图 2-3 钢尺

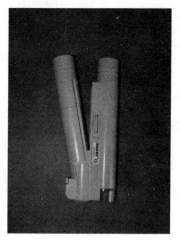

图 2-4 读数显微镜

位置。

2.5.3 读数显微镜

读数显微镜是利用光学原理，把人眼所不能分辨的微小物体放大成像，以供人们提取微细结构信息的光学仪器，如图 2-4 所示。

40 倍带光源读数显微镜（带刻度）

规格：50mm×23mm×138mm

型号：WYSK-100X（1DIV/0.01mm）

特点：

（1）可调焦，并自带纯白 LED 光源照明现场，使用时不受环境光线限制。

（2）带刻度，能准确读出细小物品的实际尺寸。

（3）本显微镜对准观察物在调焦清晰时，显微镜刻度尺寸上的 1 小格等于实际尺寸 0.01mm；测量范围 1.6mm。

（4）放大倍数 40×，观测清晰、精确，最小格值 0.01mm。

2.5.4 铅垂线

物体重心与地球重心的连线称为铅垂线（用圆锥形铅锤测得）。多用于建筑测量。用一条细绳一端系重物，在相对于地面静止时，这条绳所在直线就是铅垂线。形象地说如果地球是严格的球体，那么铅垂线经过地心。其又称重力线，地球重力场中的重力方向线。它与水准面正交，是野外观测的基准线。悬挂重物而自由下垂时的方向，即为此线方向。包含它的平面则称铅垂面。如图 2-5 所示。

使用方法：一根线加上一个重物。此重物人们称为铅锤，铅锤受重力作用，即受地球引力作用，让线与地面垂直，成 90°角，用这种方法判断物体是否与地面垂直。

2.6 危险场地分类及特征

下列情况应判定房屋场地为危险场地：

（1）对建筑物有潜在威胁或直接危害的滑坡、地裂、地陷、泥石流、崩塌以及岩溶、土洞强烈发育地段；

（2）暗坡边缘；浅层故河道及暗埋的塘、浜、沟等场地；

（3）已经有明显变形下陷趋势的采空区。

图 2-5 铅垂线

2.6.1 滑坡

滑坡是指山坡在河流冲刷、降雨、地震、人工切坡等因素影响下，土层或岩层整体或分散地顺斜坡向下滑动的现象。滑坡也叫地滑，群众中还有"走山"、"垮山"或"山剥皮"等俗称，见图 2-6～图 2-8。

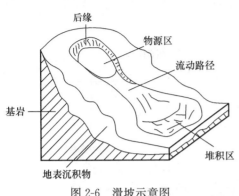

图 2-6 滑坡示意图

图 2-7 滑坡（一）

图 2-8 滑坡（二）

　　滑坡的特点是顺坡"滑动"，是在重力作用下，物质由高处向低处的一种运动形式。其"滑动"的速度受地形坡度的制约，即地形坡度较缓时，滑坡的运动速度较慢；地形坡度较陡时，滑坡的运动速度较快。

2.6.2　地裂

　　地裂运动是指大范围的区域性块体断裂运动（图 2-9、图 2-10）。地裂缝绝大多数发生在第四纪松散沉积层中，在基岩裸露区较少见。一般长十余米至数百米，宽数毫米至数十厘米，深达数米。一般为张性裂缝，少数可看到裂缝两侧有位移量不大的位错，但强烈地震形成的地表裂缝则往往出现显著的水平位移和垂直位移。构造活动产生的地裂带的展布方向，常受活动断裂的控制而与其走向一致，不受土质、地貌、水文、气候条件的限制，并具有同一方向的地裂在大范围内形态相似和不同方向的地裂可组合配套等特点，反映了它们是在一定的区域应力场作用下的产物。

图 2-9 地裂（一）

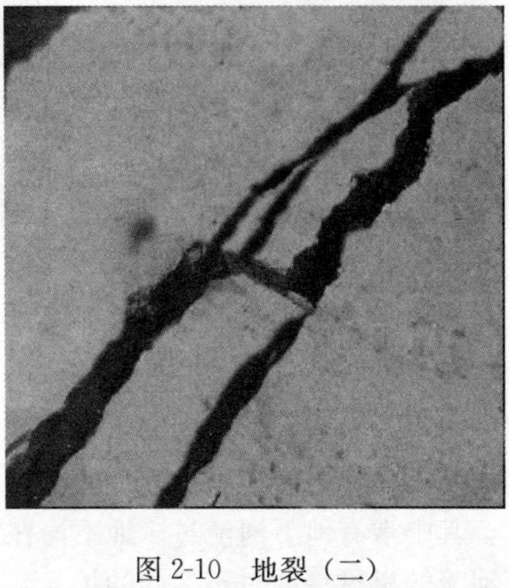

图 2-10 地裂（二）

2.6.3　地陷

　　地陷就是地表塌陷（图 2-11）。

2.6.4　泥石流

　　泥石流是指在降水、溃坝或冰雪融化形成的地面流水作用下，在沟谷或山坡上产生的一种挟带大量泥沙、石块等固体物质的特殊洪流，俗称"走蛟"、"出龙"、"蛟龙"等（图2-12）。

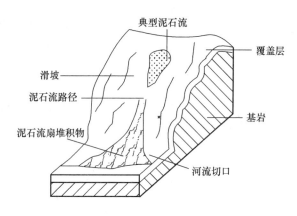

图 2-11 地陷   图 2-12 泥石流示意图

特征：突发性和灾变性，群发性和强烈性，流态性，搬运特征，堆积物宏观特征。

2.6.5 溶洞

溶洞是岩溶区地下水沿着岩层的层面和裂隙进行溶蚀和机械侵蚀而形成的地下空洞（图2-13、图2-14）。

图 2-13 溶洞（一）   图 2-14 溶洞（二）

溶洞的形成是石灰岩地区地下水长期溶蚀的结果，石灰岩里不溶性的碳酸钙受水和二氧化碳的作用能转化为微溶性的碳酸氢钙。大的溶洞连通成串，构成地下的廊道和成串的地下大厅，其中常有地下河流过。地下河在溶洞的陡急地段形成瀑布，平缓地段常积水成湖。地下河流的机械侵蚀对于溶洞的扩大起着重要的作用。随着溶洞的扩大，洞顶和洞壁常发生岩块的崩落，所以溶洞的发育实际包括溶蚀、机械侵蚀和重力崩坠的多种过程。

2.6.6 地下采空

地下采空区是指地下矿层被开采的区域，有的年代久远，采空区上方的岩层变形移动已经趋于稳定；有的是近些年来开采，采空区上方的岩层正处于活动期，处于不稳定状态（图

2-15)。

2.7 主要类型房屋检测方法

2.7.1 砌体结构—木屋架房屋

1. 结构布置

砌体结构是指由砖、石材和混凝土砌块等块材作为结构的主要材料，用砂浆砌筑而成的结构。砌体结构—木屋架房屋是一种混合结构，它是以砌体墙作为竖向承重体系，来支承由木构件构成的屋盖系统或楼面及屋盖系统的一种常用结构形式。图 2-16、图 2-17 分别为砌体结构 木屋架房屋体系示意图和承重结构示意图。在砌体结构—木屋架结构中，

图 2-15 地下采空

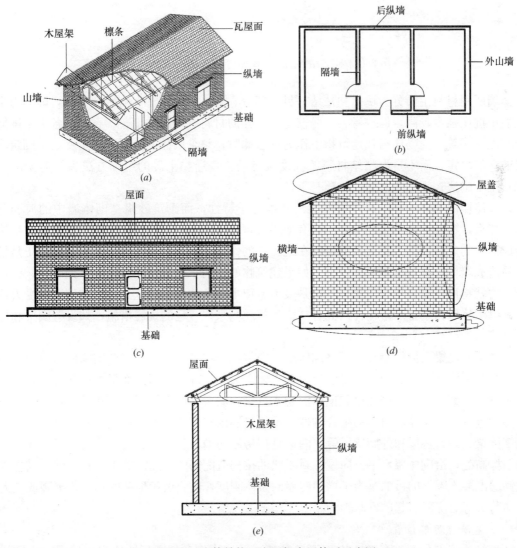

图 2-16 砌体结构—木屋架房屋体系示意图
(a) 等轴测图；(b) 平面图；(c) 立面图；(d) 侧立面；(e) 剖面图

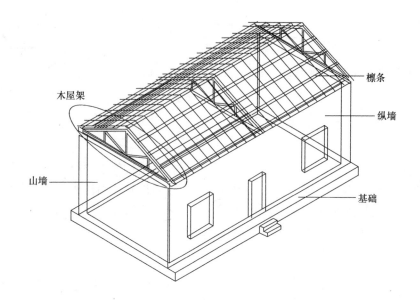

图 2-17　砌体结构陷—木屋架房屋承重结构示意图

砌体墙所用材料主要分为块材和粘结材料两部分。砌筑用的块材多为刚性材料，即其力学性能中抗压强度较高，但抗弯、抗剪较差，这样的材料有普通黏土砖、石材、各类不配筋的水泥砌块等。当砌体墙在建筑物中作为承重墙时，整个墙体的抗压强度主要是由砌筑块材的强度决定，而不是由粘结材料的强度决定的。普通黏土砖的组砌方法主要有全顺砌法；全丁砌法；丁、顺夹砌；一顺一丁。

砌体墙的砌筑块材以抗压强度为其基本力学特性，而砌筑砂浆是砌体墙中的薄弱环节。那么，在这样的建筑物中，一旦有地震灾害发生，由地震波引起的水平分力就对结构造成极大的威胁。因为建筑物的墙体在地震波的作用下将不得不受剪、受弯，而这正是最容易造成墙体开裂甚至倒塌的原因。如果建筑物的竖向承重分体系因此而遭到破坏，整栋建筑物就将面临彻底毁灭的命运，这是最不希望出现的情况。因此，针对砌体墙的受力特征，以砌体墙为垂直承重构件的混合结构建筑应当采取一定的抗震措施，如设置圈梁和构造柱等。

过梁、墙梁、挑梁及圈梁等是砌体结构中常见的构件。过梁是混合结构房屋中门窗洞口上的常用构件，主要用于承受洞口上部砌体重量和上部楼（屋）面梁板传来的荷载。按所用材料过梁可分为砖砌过梁和钢筋混凝土过梁。墙梁是由钢筋混凝土托梁和托梁以上计算高度范围内的砌体墙组成的组合构件。挑梁是嵌固在砌体中的悬挑式钢筋混凝土梁，如雨篷挑梁、阳台挑梁和外廊挑梁等。圈梁是在房屋的檐口、窗顶、楼层、吊车梁顶或基础顶面标高处，沿砌体墙水平方向设置封闭状的按构造配筋的钢筋混凝土梁式构件。设置现浇钢筋混凝土圈梁的目的是为了增加房屋的整体刚度，防止由于地基的不均匀沉降或较大振动荷载等对房屋引起的不利影响。

2. 危险点可能位置

该结构房屋的可能危险点有以下几种情况：屋脊檩条的断裂造成房顶坍塌，木屋架破坏造成的屋顶整体或局部坍塌，墙体的竖向裂缝或水平裂缝，墙体倾斜，门窗洞口出现的斜裂缝，纵横墙连接处墙体脱闪，基础与墙体接处的斜裂缝，基础不均匀沉降等（图2-18）。

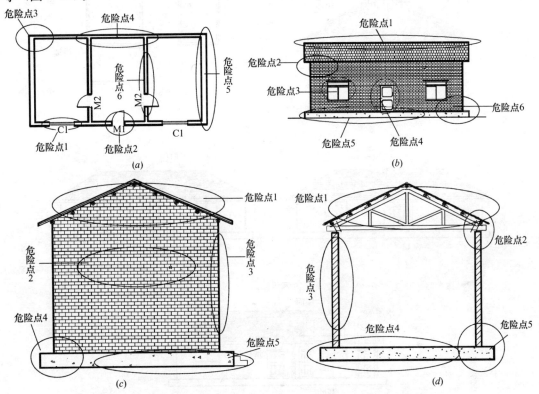

图 2-18　砌体—木屋架房屋危险点可能位置
(a) 建筑平面；(b) 建筑正立面；(c) 建筑侧立面；(d) 建筑剖面

2.7.2　生土结构—木屋架房屋

1. 结构布置

生土结构是用未焙烧而仅作简单加工的原状土为材料营造主体结构的建筑。生土结构—木屋架房屋是以生土墙作为竖向承重体系，支承由木构件构成的屋盖系统或楼面及屋盖系统的一种常用结构形式。其主要构件有生土墙、土柱或木柱、木屋架等。

屋架是房屋的重要组成部分，木屋架通过桄、檩、椽子等木件构建，桄是房架前后两个柱之间的大横梁，位于屋脊处，檩分立两侧，椽子横向搭于檩之上，上面铺盖瓦片。中式屋架多为5檩或7檩结构，也有部分9檩，但比较少见。对于多檩的结构，一般有主桄和次桄，次桄也称二桄，平行于主桄下方。主桄与次桄之间由瓜柱支撑，缺少次桄的屋架又称作蜡扦瓜柱。一般中式屋架的主桄下方由柱子支撑，柱子分立前檐和后檐。

图2-19、图2-20分别为生土结构—木屋架房屋的体系示意图和承重结构示意图。

2. 危险点可能位置

该结构房屋的可能危险点有以下几种情况：屋脊檩条的断裂造成房顶坍塌，木屋架破坏造成的屋顶整体或局部坍塌，墙体的竖向裂缝或水平裂缝，墙体倾斜，门窗洞口出现的斜裂缝，纵横墙连接处墙体脱闪，基础与墙体连接处的斜裂缝，基础不均匀沉降等，见图2-21。

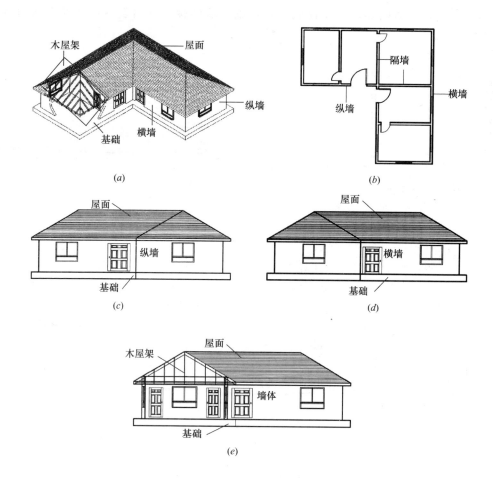

图 2-19　生土结构—木屋架房屋体系示意图
(a) 内部结构；(b) 平面图；(c) 正立面；(d) 侧立面；(e) 剖面图

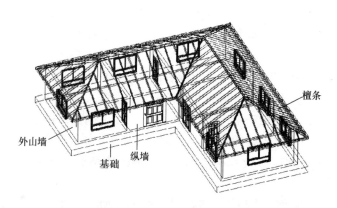

图 2-20　生土结构—木屋架房屋承重结构示意图

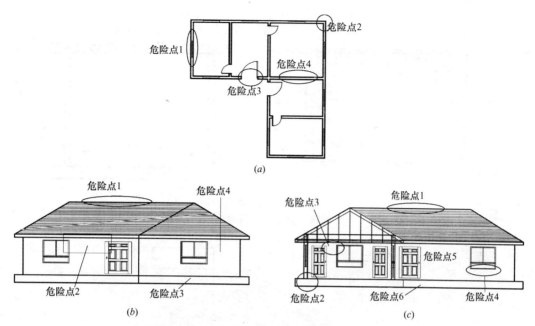

(a)

(b) (c)

图 2-21 生土结构—木屋架房屋危险点可能位置

（a）建筑平面；（b）建筑正立面；（c）建筑剖面

2.7.3 砌体结构—混凝土板房屋

1. 结构布置

砌体结构—混凝土板房屋是指由砖、石材和混凝土砌块等块材作为结构的主要材料，用砂浆砌筑而成的墙及用混凝土预制板作为屋盖的结构。图 2-22、图 2-23 分别为砌体结构—混凝土板房屋的体系示意图和承重结构示意图。

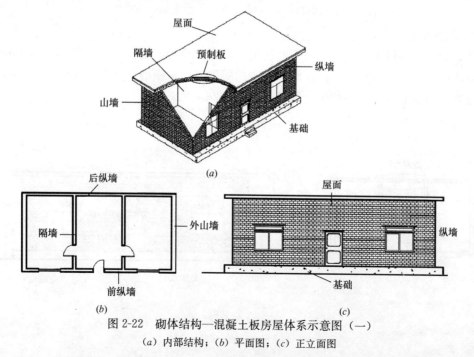

(a)

(b) (c)

图 2-22 砌体结构—混凝土板房屋体系示意图（一）

（a）内部结构；（b）平面图；（c）正立面图

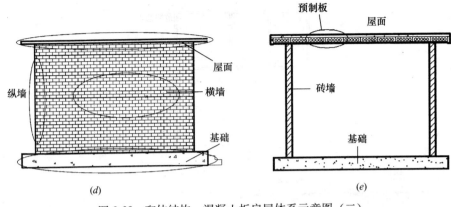

图 2-22 砌体结构—混凝土板房屋体系示意图（二）

（d）侧立面；（e）剖面图

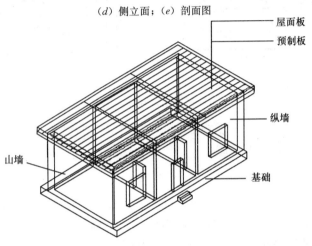

图 2-23 砌体结构—混凝土板房屋承重结构示意图

2. 危险点可能位置

该结构房屋的可能危险点有以下几种情况：屋面板的断裂造成房顶坍塌，墙体的竖向裂缝或水平裂缝，墙体倾斜，门窗洞口出现的斜裂缝，纵横墙连接处墙体脱闪，基础与墙体连接处的斜裂缝，基础不均匀沉降等，见图 2-24。

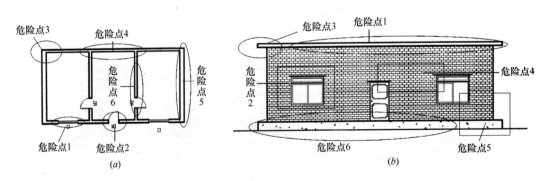

图 2-24 砌体结构—混凝土板房屋危险点可能位置（一）

（a）建筑平面；（b）建筑正立面

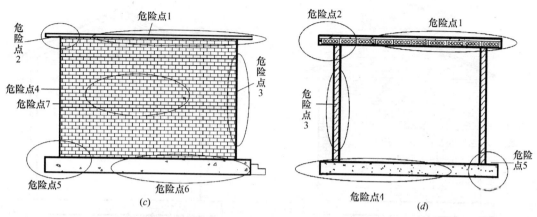

图 2-24　砌体结构—混凝土板房屋危险点可能位置（二）
(c) 建筑侧立面；(d) 建筑剖面

2.7.4　砌体结构—钢屋架房屋

1. 结构布置

砌体结构—钢屋架房屋是一种混合结构，它是以砌体墙作为竖向承重体系，来支承由钢构件构成的屋盖系统或楼面及屋盖系统的一种常用结构形式。图 2-25、图 2-26 分别为此种结构的体系示意图和承重结构示意图。

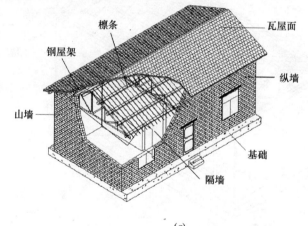

(a)

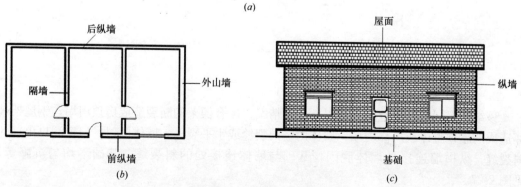

图 2-25　砌体结构—钢屋架房屋体系示意图（一）
(a) 内部结构；(b) 平面图；(c) 正立面图

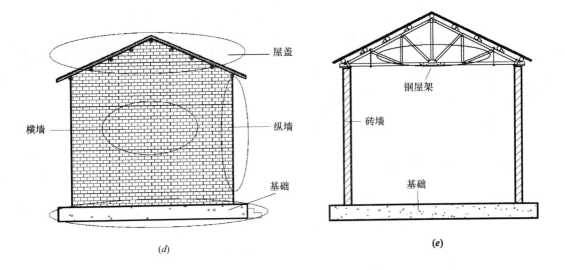

(d)

图 2-25　砌体结构—钢屋架房屋体系示意图（二）

(d) 侧立面图；(e) 剖面图

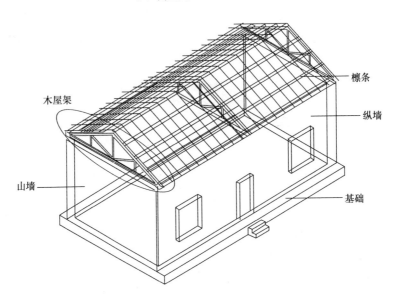

图 2-26　砌体结构—钢屋架房屋承重结构体系示意图

2. 危险点可能位置

该结构房屋的可能危险点有以下几种情况：屋脊檩条的断裂造成房顶坍塌，钢屋架破坏造成的屋顶整体或局部坍塌，墙体的竖向裂缝或水平裂缝，墙体倾斜，门窗洞口出现的斜裂缝，纵横墙连接处墙体脱闪，基础与墙体连接处的斜裂缝，基础不均匀沉降等，见图 2-27。

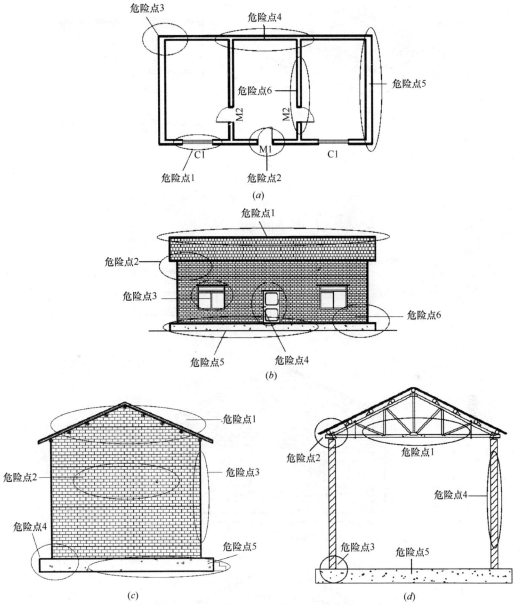

图 2-27　砌体结构—钢屋架房屋危险点可能位置

（*a*）建筑平面图；（*b*）建筑立面；（*c*）建筑侧面；（*d*）建筑剖面

2.7.5　木结构房屋

1. 结构布置

　　木结构房屋由木材作为主要承重构件。其主要构件有木柱、木屋架、木墙等。屋架是房屋的重要组成部分，木屋架通过柁、檩、椽子等木件构建，柁是房架前后两个柱之间的大横梁，位于屋脊处，檩分立两侧，椽子横向搭于檩之上，上面铺盖瓦片。中式屋架多为5檩或7檩结构，也有部分9檩，但比较少见。对于多檩的结构，一般有主柁和次柁，次柁也称二柁，平行于主柁下方。主柁与次柁之间由瓜柱支撑，缺少次柁的屋架又称作蜡扦瓜柱。一般中式屋架的主柁下方由柱子支撑，柱子分立前檐和后檐。图2-28、图2-29分

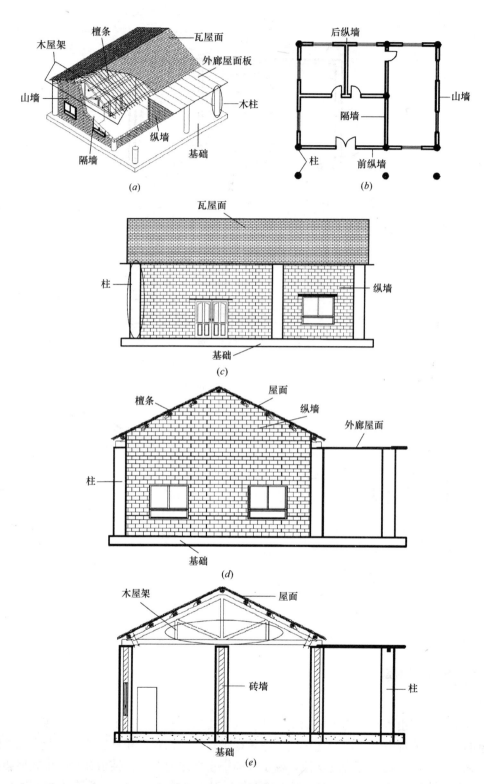

图 2-28 木结构房屋体系示意图

(a) 内部结构；(b) 平面图；(c) 正立面图；(d) 侧立面图；(e) 剖面图

别为木结构房屋的体系示意图和承重结构示意图。

2. 危险点可能位置

该结构危险点可能位置有以下几种情况：屋顶檩条断裂造成的屋顶塌陷，木屋架破坏造成的屋顶全部或局部塌陷，木柱由于荷载过大、变形过大、虫蛀等原因造成的破坏，门窗洞口处的竖向通缝或八字斜裂缝，基础的不均匀沉降造成的墙体下部斜裂缝，见图 2-30。

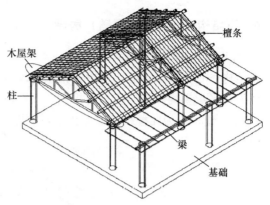

图 2-29　木结构房屋承重结构示意图

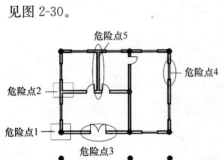

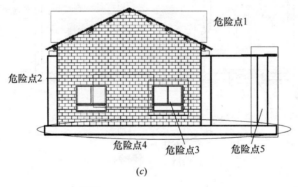

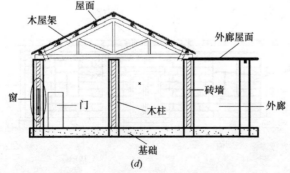

图 2-30　木结构房屋危险点可能位置

(*a*) 建筑平面；(*b*) 建筑正立面；(*c*) 建筑侧立面；(*d*) 建筑剖面

2.7.6 石结构—石楼板（屋盖）房屋

1. 结构形式及特点

石结构—石楼板（屋盖）房屋是指条石墙或石柱为竖向承重构件，屋盖、楼板采用石板材作为水平承重构件的房屋。石板搁置在石墙或者石梁上，由于缺乏有效的拉结，其整体性较差。图 2-31 为此种结构房屋体系示意图。

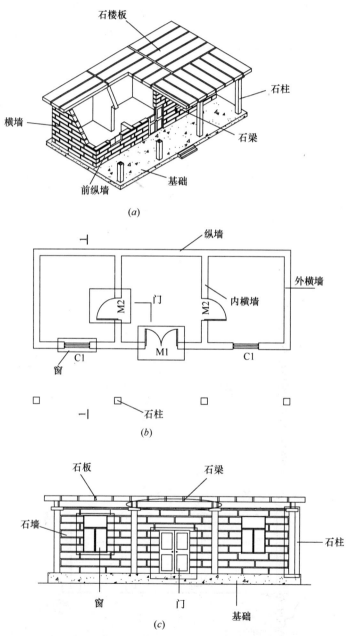

图 2-31 石结构—石楼板（屋盖）房屋体系示意图（一）

（a）内部结构；（b）平面图；（c）正立面图

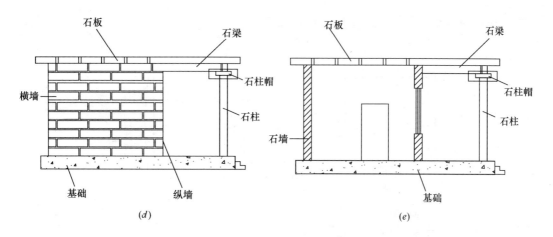

图 2-31　石结构—石楼板（屋盖）房屋体系示意图（二）

（d）侧立面图；（e）剖面图

2. 受力特点

1）结构传力途径（图 2-32）

（1）竖向传力路径：屋面材料荷载→石楼板→石梁→石柱→基础→地基；

　　　　　　　　　　　　　　　　　→石墙→基础→地基。

（2）水平传力路径：水平荷载→纵（横）墙→基础→地基。

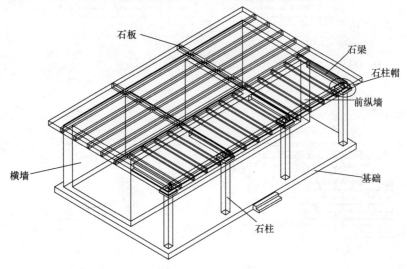

图 2-32　石结构—石楼板（屋盖）房屋承重结构示意图

2）构件受力特点

（1）石墙：石墙作为竖向承重构件，处于轴心受压或偏心受压受力状态，石板、石梁支承处，石墙局部承压；

（2）石楼板：弯剪复合受力状态；

（3）石梁：弯剪复合受力状态；

（4）石柱：轴压或偏压受力状态。

3. 破坏特点及危险点可能位置（图 2-33）

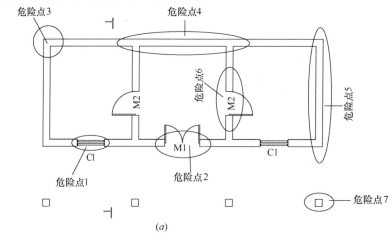

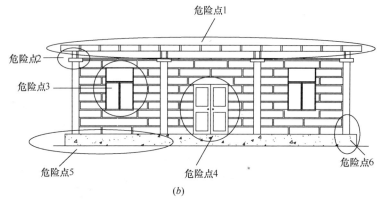

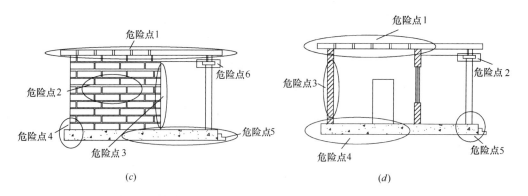

图 2-33　石结构—石楼板屋盖房屋危险点可能位置

（a）建筑平面；（b）建筑正立面；（c）建筑侧立面；（d）建筑剖面

石结构—石楼板（屋盖）房屋的破坏特点归纳如下：

（1）基础不均匀沉降导致墙体开裂；

（2）外纵墙向外鼓闪；

（3）纵横墙交接处裂开；

（4）墙体表面风化、剥落、砂浆粉化严重；

（5）门窗角斜裂缝；

（6）石板、石梁受弯开裂或断裂；

（7）石柱崩角；

（8）施工质量问题。

2.7.7 石结构—木屋架房屋

1. 结构形式及特点（图 2-34）

石结构—木屋架房屋是指条石墙为竖向承重构件，屋盖采用木屋架（搁置于纵墙上）作为水平承重构件的房屋。屋架上布置檩条用来铺设屋面材料。

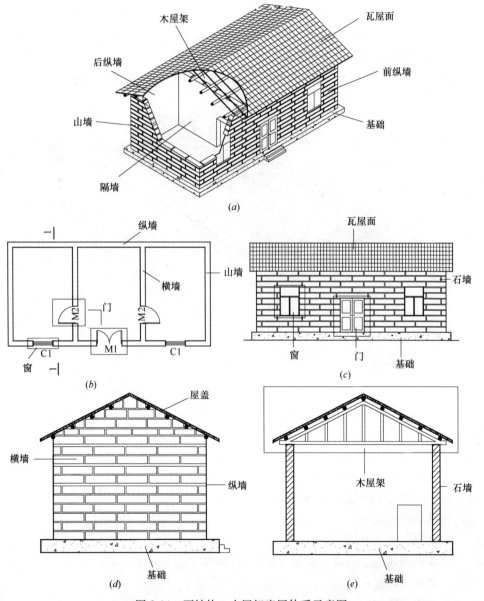

图 2-34　石结构—木屋架房屋体系示意图

（a）等轴测图；（b）平面图；（c）正立面图；（d）侧立面图；（e）剖面图

该类结构的房屋，纵墙为主要的竖向及水平向承重构件。具有隔间少、空间大、房间布置灵活的优点。条石属于刚脆性材料，如果采用坐浆砌筑成墙，石墙的整体抗侧刚度也较高，因此具有抵抗水平作用（如风、地震等）能力强的优点。

2. 受力特点（图 2-35）

1）结构传力途径

（1）竖向传力路径：屋面荷载→檩条→木屋架→石墙→基础→地基。

（2）水平传力路径：

① 纵向水平荷载：纵向水平荷载→山墙→纵墙→基础→地基；

② 横向水平荷载：横向水平荷载→纵墙→横墙→基础→地基。

2）构件受力特点

（1）墙体：石墙作为竖向承重构件，处于轴心受压或偏心受压受力状态，石板、石梁支承处，石墙局部承压；

（2）木屋架：简支构件，危险截面为跨中（弯矩最大）及两支承端截面（剪力最大）。

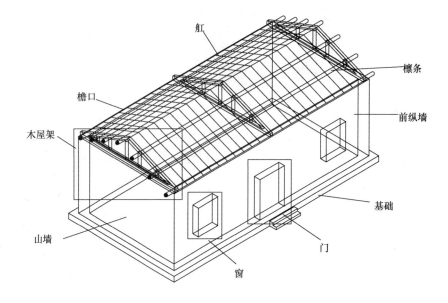

图 2-35　石结构—木屋架房屋承重结构示意图

3. 破坏特点及可能危险点（图 2-36）

石结构—木屋架房屋的破坏特点归纳如下：

（1）基础不均匀沉降导致墙体开裂；

（2）外纵墙向外鼓闪；

（3）纵横墙交接处开裂；

（4）墙体表面风化、剥落、砂浆粉化严重；

（5）门窗角斜裂缝；

（6）木屋架杆件破坏；

（7）施工质量问题。

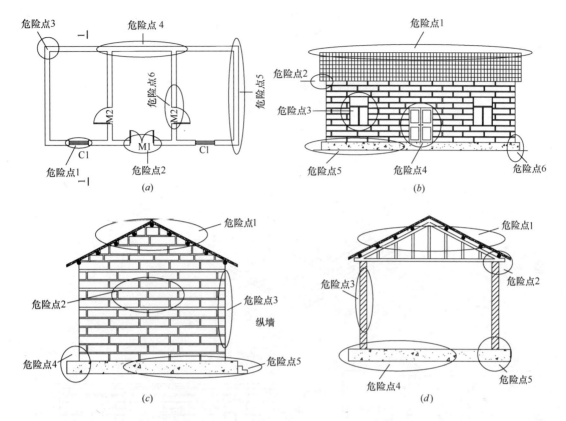

图 2-36　石结构—木屋架房屋危险点可能位置

(a) 建筑平面；(b) 建筑正立面；(c) 建筑侧立面；(d) 建筑剖面

2.7.8　石结构—混凝土板房屋

1. 结构形式及特点（图 2-37）

石结构-混凝土板房屋是指条石墙为竖向承重构件，屋盖采用混凝土板作为水平承重构件的房屋。

按混凝土板的布设方式可分为装配式和现浇式。在墙体上方现浇一层圈梁，混凝土板四边支承于圈梁之上。由于圈梁的存在，使石结构的整体性得到加强；同时，结构的横向抗侧刚度大，因此具有抵抗水平作用（如风、地震等）能力强的优点。

2. 受力特点（图 2-38）

1）结构传力途径

（1）竖向传力路径：屋面材料荷载→混凝土板→圈梁→石墙→基础→地基。

（2）水平传力路径：水平荷载→纵（横）墙→基础→地基。

2）构件受力特点

（1）墙体：石墙作为竖向承重构件，处于轴心受压或偏心受压受力状态，石板、石梁支承处，石墙局部承压；

（2）混凝土板：主要处于弯剪复合受力状态，当温度变化幅度较大时，由于边界处的约束，混凝土板截面会出现均布拉应力；

（3）石梁：弯剪复合受力状态；

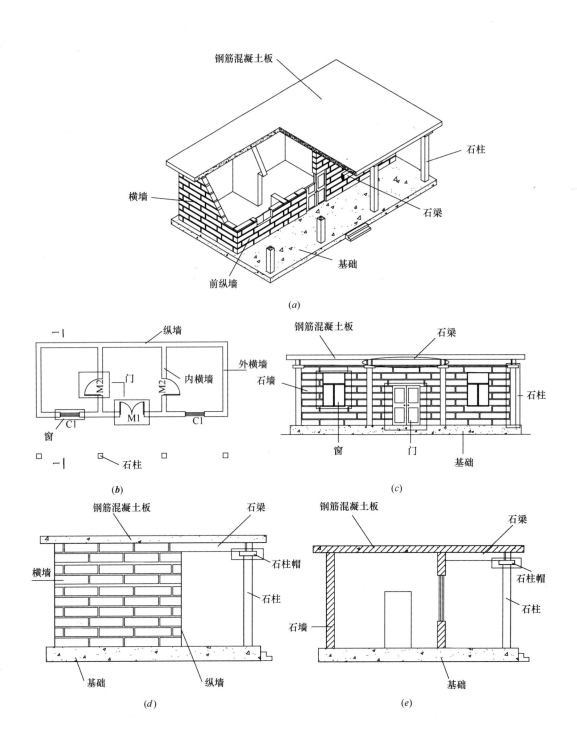

图 2-37 石结构—混凝土板房屋体系示意图

(a) 等轴测图；(b) 平面图；(c) 正立面图；(d) 侧立面图；(e) 剖面图

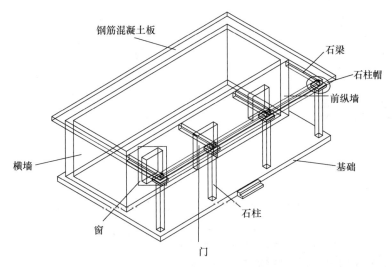

图 2-38　石结构—混凝土板房屋承重结构示意图

（4）石柱：弯剪复合受力状态。

3. 破坏特点及危险点可能位置（图 2-39）

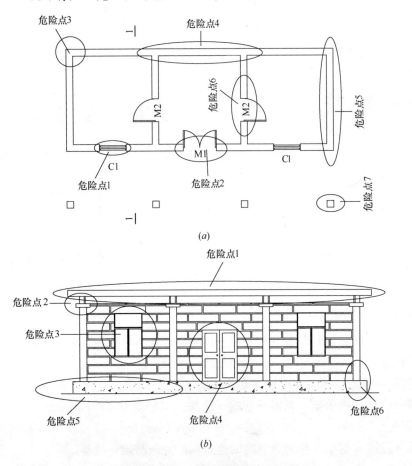

图 2-39　石结构—混凝土板房屋危险点可能位置（一）

（a）建筑平面；（b）建筑正立面

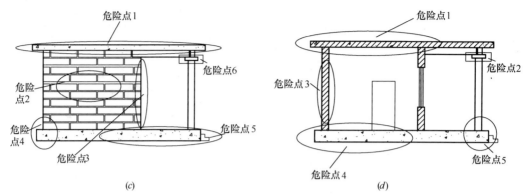

图 2-39 石结构—混凝土板房屋危险点可能位置（二）

(c) 建筑侧立面；(d) 建筑剖面

石结构—混凝土板房屋的破坏特点归纳如下：

(1) 基础不均匀沉降导致墙体开裂；

(2) 外纵墙向外鼓闪；

(3) 纵横墙交接处开裂；

(4) 墙体表面风化、剥落、砂浆粉化严重；

(5) 门窗角斜裂缝；

(6) 混凝土楼板受弯开裂；

(7) 施工质量问题。

2.7.9 石结构—其他屋盖房屋

1. 结构形式及特点（图 2-40）

石结构—其他屋盖架房屋是指条石墙或石柱为竖向承重构件，屋盖、楼盖采用其他形式（如钢屋架）作为水平承重构件的房屋。

以石结构—钢屋架房屋为例，是指条石墙为竖向承重构件，屋盖采用钢屋架（搁置于纵墙上）作为水平承重构件的房屋。屋架上布置檩条用来铺设屋面材料。

该类结构的房屋，纵墙为主要的竖向及水平向承重构件。具有间隔少、空间大、房间布置灵活的优点。条石属于刚脆性材料，如果采用坐浆砌筑成墙，石墙的整体抗侧刚度也较高，因此具有抵抗水平作用（如风、地震等）能力强的优点。

2. 受力特点（图 2-41）

1) 结构传力途径

(1) 竖向传力路径：屋面材料荷载→檩条→钢屋架→纵墙→基础→地基。

(2) 水平传力路径：

① 纵向水平荷载→纵墙→檩条→横墙→基础→地基。

纵向水平荷载→山墙→钢屋架→纵墙→基础→地基。

② 横向水平荷载

横向水平荷载→纵墙（钢屋架作为纵墙间的连系构件）→基础→地基。

2) 构件受力特点

(1) 墙体：石墙作为竖向承重构件，处于轴心受压或偏心受压受力状态，石板、石梁

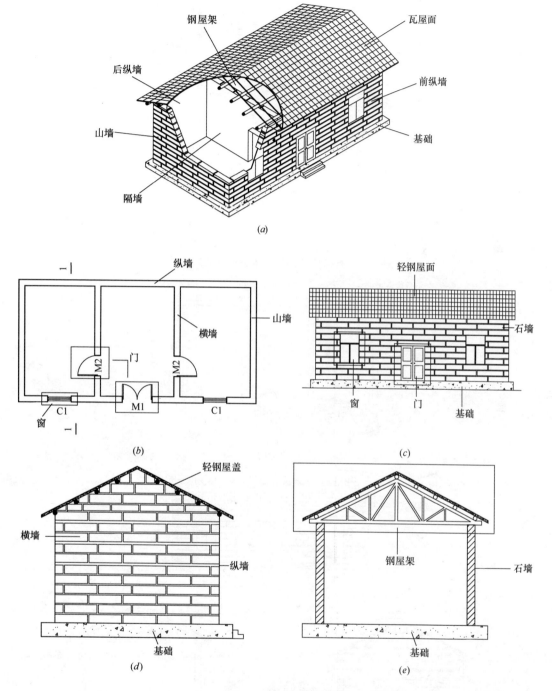

图 2-40　石结构—钢屋架房屋体系示意图

(a) 等轴测图；(b) 平面图；(c) 正立面图；(d) 侧立面图；(e) 剖面图

支承处，石墙局部承压；

（2）钢屋架：简支构件，危险截面为跨中（弯矩最大）及两支承端截面（剪力最大）。

3. 破坏特点（图 2-42）

石结构—钢屋架房屋的破坏特点归纳如下：

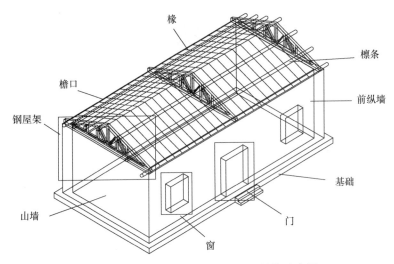

图 2-41 石结构—钢屋架房屋承重结构示意图

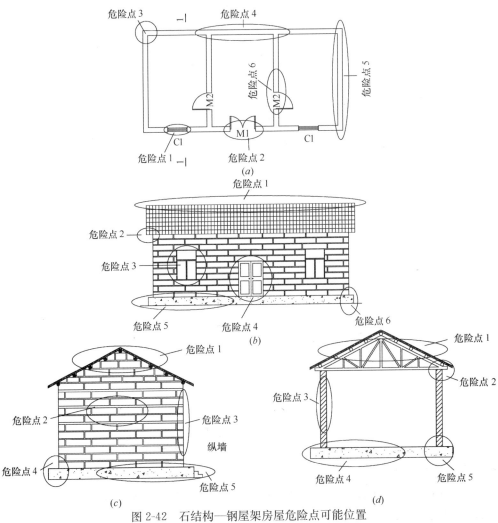

图 2-42 石结构—钢屋架房屋危险点可能位置

（a）建筑平面；（b）建筑正立面；（c）建筑侧立面；（d）建筑剖面

（1）基础不均匀沉降导致墙体开裂；

（2）外纵墙向外鼓闪；

（3）纵横墙交接处开裂；

（4）墙体表面风化、剥落、砂浆粉化严重；

（5）门窗角斜裂缝；

（6）钢屋架杆件破坏；

（7）施工质量问题。

2.8 危险构件

2.8.1 地基基础

1. 构造特征

基础属于建筑物的地下结构部分，它部分或全部位于地表以下。其主要功能是支承和固定建筑物的上部结构并将荷载安全地传给土层。在分布和求解建筑荷载时，基础发挥临界铰的作用，因此对基础进行设计时，不仅要保证它与上部结构在外形和布局上的相互协调一致，还要保证其能够适应下部土、岩层和地下水在各种情况下可能发生的变化。

基础按照埋置深度和施工方法的不同又分为浅基础和深基础两类。做在天然地基上，埋置深度小于 5m 的一般基础（柱基和墙基）（图 2-43）以及埋置深度虽超过 5m，但小于基础宽度的大尺寸的基础（如筏形基础、箱形基础），在计算中基础的侧面摩擦力不必考虑，统称为天然地基上的浅基础。当基础的埋置深度超过某一值，且需借助特殊的施工方法才能将建筑物荷载传递到地表以下较深土（岩）层的基础称为深基础。深基础包括桩基础、墩基础和沉井基础及地下连续墙。浅基础按结构形式主要分为：单独基础、条形基础、交叉条形基础、片筏基础、箱形基础、壳体基础、折板基础和块体基础。

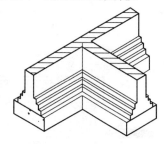

图 2-43 墙下条形基础

按支承的上部结构形式，单独基础可分为柱下单独基础和墙下单独基础。条形基础是指基础长度远大于其宽度的一种基础形式。可分为墙下条形基础和柱下条形基础。

2. 危险点特征

地基基础危险性鉴定应包括地基和基础两部分。地基基础应重点检查基础与承重构件连接处的斜向阶梯形裂缝、水平裂缝、竖向裂缝状况，基础与上部结构连接处的水平裂缝状况，房屋的倾斜位移状况，地基稳定、特殊土质变形和开裂等状况。当地基部分有下列现象之一者，应评定为危险状态：

（1）地基沉降速度连续 2 个月大于 4mm/月，并且短期内无终止趋向；

（2）地基产生不均匀沉降，上部墙体产生裂缝宽度大于 10mm，且房屋局部倾斜率大于 1‰（图 2-44、图 2-45）；

（3）地基不稳定产生滑移，房屋水平位移量大于 10mm，并对上部结构有显著影响，且仍有继续滑动的迹象（图 2-46）。

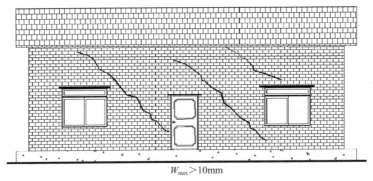

图 2-44　上部墙体裂缝宽度大于 10mm

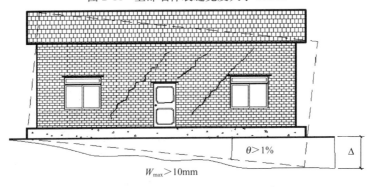

图 2-45　房屋局部倾斜率大于 1%

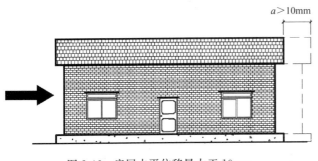

图 2-46　房屋水平位移量大于 10mm

当房屋基础有下列现象之一者，应评定为危险点：

（1）基础腐蚀、酥碎（图2-47）、折断，导致结构明显倾斜、位移、裂缝、扭曲等；

（2）基础已有滑动，水平位移速度连续2个月大于2mm/月，并在短期内无终止趋向；

（3）基础已产生贯通裂缝且最大裂缝宽度大于10mm，上部墙体多处出现裂缝且最大裂缝宽度达 10mm 以上（图2-48）。

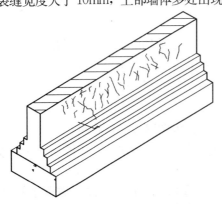

图 2-47　基础腐蚀、酥碎、折断

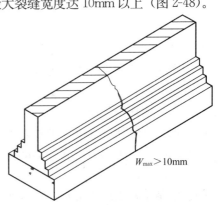

图 2-48　基础贯通裂缝

2.8.2 砌体结构构件

1. 构造特征

砌体结构是指由砖、石材和混凝土砌块等块材作为结构的主要材料，用砂浆砌筑而成的结构。砌体结构的材料有块材和砂浆。块材包括砖、砌块、石材。砖是我国砌体结构中应用最为广泛的一种块体，其种类主要有烧结普通砖、烧结多孔砖、蒸压灰砂砖、蒸压粉煤灰砖。块体用砂浆砌筑后才能发挥整体作用；用砂浆填实块体之间的缝隙，能改善块体的受力状态，提高砌体的保温和防水性能。砂浆是用胶结材料（水泥、石灰）、细集料（砂）、水以及根据需要掺入的掺合料和外加剂等，按一定比例（质量比或体积比）混合后搅拌而成的。

2. 危险点特征

砌体结构构件应重点检查砌体的构造连接部位，纵横墙交接处的斜向或竖向裂缝状况，砌体承重墙体的变形和裂缝状况以及拱脚的裂缝和位移状况。注意量测其裂缝宽度、长度、深度、走向、数量及其分布，并观测其发展趋势。

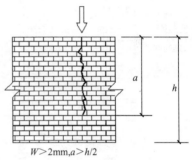

$W>2mm, a>h/2$

图 2-49

砌体结构构件有下列现象之一者，应评定为危险点：

（1）受压墙、柱沿受力方向产生缝宽大于 2mm、缝长超过层高 1/2 的竖向裂缝，或产生缝长超过层高 1/3 的多条竖向裂缝(图 2-49～图 2-52)。

图 2-50

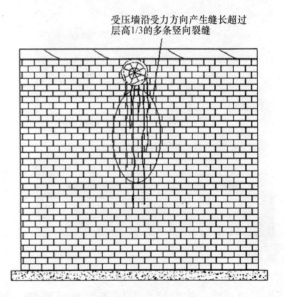

受压墙沿受力方向产生缝长超过层高 1/3 的多条竖向裂缝

图 2-51

（2）受压墙、柱表面风化、剥落，砂浆粉化，有效截面削弱达 1/4 以上（图 2-53、图 2-54）。

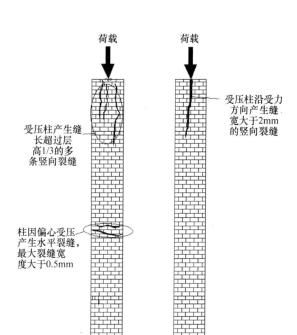

受压柱产生缝
长超过层
高1/3的多
条竖向裂缝

受压柱沿受力
方向产生缝
宽大于2mm
的竖向裂缝

柱因偏心受压
产生水平裂缝，
最大裂缝宽
度大于0.5mm

图 2-52

图 2-53

（3）支承梁或屋架端部的墙体或柱截面因局部受压产生多条竖向裂缝，或最大裂缝宽度已超过 1mm（图 2-55、图 2-56）。

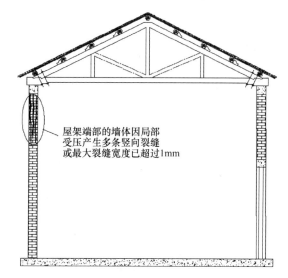

屋架端部的墙体因局部
受压产生多条竖向裂缝
或最大裂缝宽度已超过1mm

图 2-54

图 2-55

（4）墙、柱因偏心受压产生水平裂缝，最大裂缝宽度大于 0.5mm（图 2-57、图 2-58）。

（5）墙、柱产生倾斜，其倾斜率大于 0.7%，或相邻墙体连接处断裂成通缝（图 2-59～图 2-62）。

图 2-56

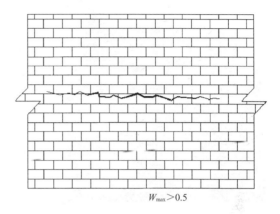

$W_{max} > 0.5$

图 2-57

图 2-58

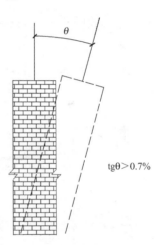

$tg\theta > 0.7\%$

图 2-59

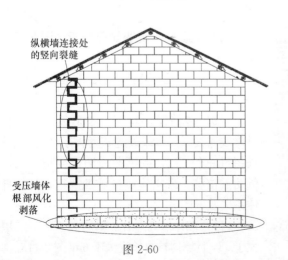

纵横墙连接处
的竖向裂缝

受压墙体
根部风化
剥落

图 2-60

图 2-61

（6）柱刚度不足，出现挠曲鼓闪，且在挠曲部位出现水平或交叉裂缝（图 2-63）。

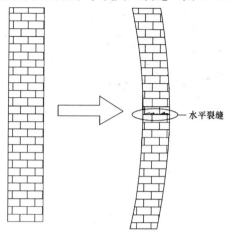

水平裂缝

图 2-62 图 2-63

（7）砖过梁中部产生的竖向裂缝宽度达 2mm 以上，或端部产生斜裂缝，最大裂缝宽度达 1mm 以上且缝长裂到窗间墙的 2/3 部位，或支承过梁的墙体产生水平裂缝，或产生明显的弯曲、下沉变形（图 2-64～图 2-66）。

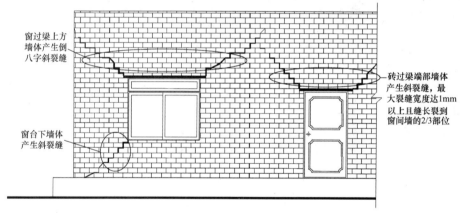

窗过梁上方墙体产生倒八字斜裂缝

砖过梁端部墙体产生斜裂缝，最大裂缝宽度达1mm以上且缝长裂到窗间墙的2/3部位

窗台下墙体产生斜裂缝

图 2-64

图 2-65

（8）纵横墙出现明显斜裂缝（图 2-67～图 2-69）。

（9）砖柱出现裂缝或严重破坏（图 2-70、图 2-71）。

（10）砖筒拱、扁壳、波形筒拱、拱顶沿母线通裂或沿母线裂缝宽度大于 2mm 或缝长超过总长 1/2，或拱曲面明显变形，或拱脚明显位移，或拱体拉杆锈蚀严重，且拉杆体系失效（图 2-72、图 2-73）。

（11）砌体墙高厚比：单层大于 24，二层大于 18，且墙体自由长度大于 6m（图 2-74）。

图 2-66

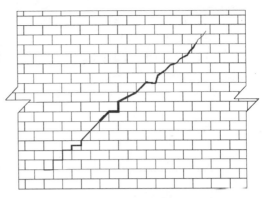

图 2-67

图 2-68

图 2-69

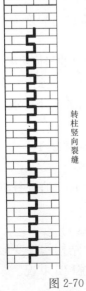

转柱竖向裂缝

图 2-70

图 2-71

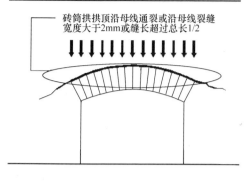

砖筒拱拱顶沿母线通裂或沿母线裂缝
宽度大于2mm或缝长超过总长1/2

图 2-72

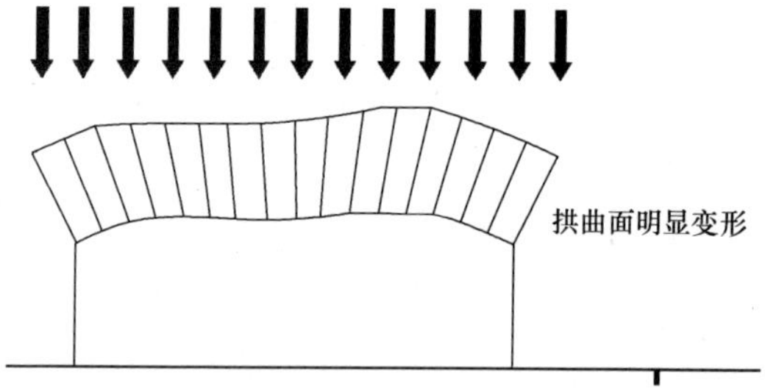

拱曲面明显变形

图 2-73

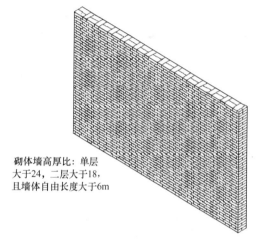

砌体墙高厚比：单层
大于24，二层大于18，
且墙体自由长度大于6m

图 2-74

2.8.3 木结构构件

1. 构造特征

（1）主要包括穿斗木构架、木柱木屋架和木柱木梁等房屋。

（2）木结构房屋的平面布置应避免拐角或突出；同一房屋不应采用木柱与砖柱或砖墙等混合承重。

（3）木柱木屋架和穿斗木构架房屋不宜超过二层，总高度不宜超过 6m。木柱木梁房屋宜建单层，高度不宜超过 3m。

（4）院、粮仓等较大跨度的空旷房屋，宜采用四柱落地的三跨木排架。

（5）木屋架屋盖的支撑布置，应符合规范有关规定的要求，但房屋两端的屋架支撑，应设置在端开间。

（6）柱顶应有暗榫插入屋架下弦，并用 U 形铁件连接；抗震设防裂度为 8 度和 9 度时，柱脚应采用铁件或其他措施与基础锚固。

（7）空旷房屋应在木柱与屋架（或梁）间设置斜撑；横隔墙较多的居住房屋应在非抗震隔墙内设斜撑，穿斗木构架房屋可不设斜撑；斜撑宜采用木夹板，并应通到屋架的上弦。

（8）穿斗木构架房屋的横向和纵向均应在木柱的上、下柱端和楼层下部设置穿枋，并应在每一纵向柱列间设置 1～2 道剪刀撑或斜撑。

（9）斜撑和屋盖支撑结构，均应采用螺栓与主体构件相连接；除穿斗木构件外，其他木构件宜采用螺栓连接。

（10）椽与檩的搭接处应满钉，以增强屋盖的整体性。木构架中，宜在柱檐口以上沿房屋纵向设置竖向剪刀撑等措施，以增强纵向稳定性。

2. 危险点特征

木结构构件应重点检查腐朽、虫蛀、木材缺陷、构造缺陷、结构构件变形、失稳状况，木屋架端节点受剪面裂缝状况，屋架平面变形及屋盖支撑系统稳定状况。

木结构构件有下列现象之一者，应评定为危险点：

（1）木柱圆截面直径小于110mm，木大梁截面尺寸小于110mm×240mm（图2-75、图2-76）。

图 2-75   图 2-76

（2）连接方式不当，构造有严重缺陷，已导致节点松动、变形、滑移、沿剪切面开裂、剪坏和铁件严重锈蚀、松动，致使连接失效等损坏（图2-77）。

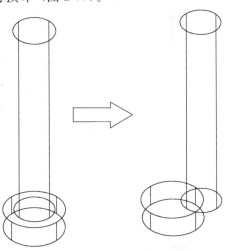

连接方式不当，构造有严重缺陷，已导致节点滑移、松动、变形，沿剪切面开裂、剪坏，铁件严重锈蚀、松动，致使连接失效等损坏

图 2-77

（3）主梁产生大于 $L_0/120$ 的挠度，或受拉区伴有较严重的材质缺陷（图2-78）。

（4）屋架产生大于 $L_0/120$ 的挠度，且顶部或端部节点产生腐朽或劈裂，或平面倾斜量超过屋架高度的 $h/120$（图2-80）。

（5）木柱侧弯变形，其矢高大于 $h/150$，或柱顶劈裂，柱身断裂。柱脚腐朽，其腐朽面积大于原截面面积 1/5 以上（图2-81～图2-83）。

（6）受拉、受弯、偏心受压和轴心受压构件，其斜纹理或斜裂缝的斜率分别大于7％、10％、15％和20％（图2-84～图2-88）。

（7）存在任何心腐缺陷的木质构件（图2-89）。

（8）木柱的梢径小于150mm；在柱的同一高度处纵横向同时开槽，且在柱的同一截面开槽面积超过总截面面积的1/2（图2-90）。

（9）柱子有接头（图2-90）。

（10）木桁架高跨比h/L大于1/5（图2-91）。

（11）楼屋盖木梁在梁或墙上的支承长度小于100mm（图2-92）。

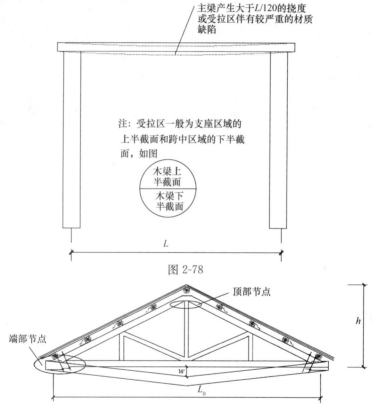

主梁产生大于$L/120$的挠度或受拉区伴有较严重的材质缺陷

注：受拉区一般为支座区域的上半截面和跨中区域的下半截面，如图

木梁上半截面

木梁下半截面

L

图2-78

顶部节点

端部节点

h

w

L_0

注：屋架产生大于$L_0/120$的挠度，且顶部或端部节点产生腐朽或劈裂，或平面倾斜量超过屋架高度的$h/120$。

图2-79

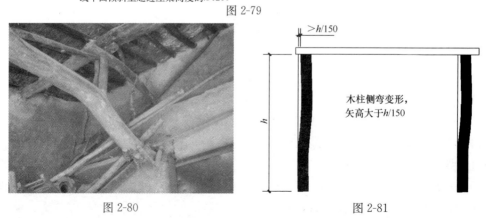

图2-80

$>h/150$

木柱侧弯变形，矢高大于$h/150$

h

图2-81

图 2-82   图 2-83

受拉构件其斜纹理或斜裂缝的斜率大于7%

图 2-84

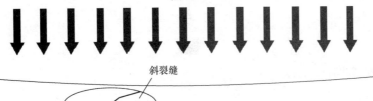

受弯构件其斜纹理或斜裂缝的斜率大于10%

图 2-85

轴心受压构件其斜纹理或斜裂缝的斜率大于15%

图 2-86

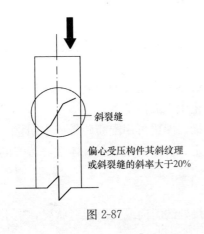

图 2-87

图 2-88

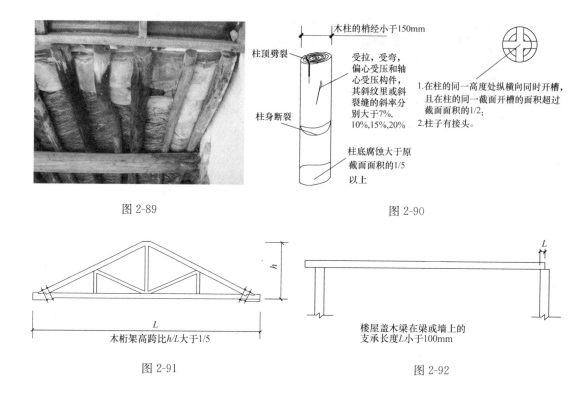

图 2-89

图 2-90

图 2-91

图 2-92

2.8.4　生土结构构件

1. 构造特征

（1）生土房屋的层数，因其抗震能力有限，仅以 1～2 层为宜。

（2）各类生土房屋，由于材料强度较低，在平立面布置上更要求简单，一般每开间均要有抗震横墙，不采用外廊为砖柱、石柱承重，或四角用砖柱、石柱承重的做法，也不要将大梁搁置在土墙上。房屋立面要避免错层、突变，同一栋房屋的高度和层数必须相同。这些措施都是为了避免在房屋各部分出现应力集中。

（3）生土房屋的屋面采用轻质材料，可减轻地震作用；提倡用双坡和弧形屋面，可降低山墙高度，增加其稳定性；单坡屋面山墙过高，平屋面防水有问题，不宜采用。

由于是土墙，一切支承点均应有垫板或圈梁。檩条要满搭在墙上或椽子上，端檩要出檐，以使外墙受荷均匀，增加接触面积。

（4）对生土房屋中的墙体砌筑的要求，大致同砌体结构，即内外墙交接处要采取简易又有效的拉结措施，土坯要卧砌。

土坯的土质和成型方法，决定了土坯的好坏并最终决定土墙的强度，应予以重视。

生土房屋的地基要求夯实，并设置防潮层以防止生土墙体酥落。

（5）为加强灰土墙房屋的整体性，要求设置圈梁。圈梁可用配筋砖带或木圈梁。

（6）提高土拱房的抗震性能，主要是拱脚的稳定、拱圈的牢固和整体性。若一侧为崖体一侧为人工土墙，会因软硬不同导致破坏。

2. 危险点特征

生土结构构件应重点检查连接部位、纵横墙交接处的斜向或竖向裂缝状况，生土承重墙体变形和裂缝状况。注意量测其裂缝宽度、长度、深度、走向、数量及其分布，并观测其发展趋势。

生土结构构件有下列现象之一者，应评定为危险点：

（1）受压墙沿受力方向产生缝宽大于20mm、缝长超过层高1/2的竖向裂缝，或产生缝长超过层高1/3的多条竖向裂缝（图2-93～图2-98）。

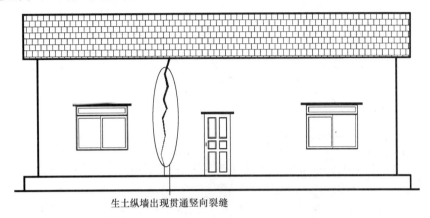

生土纵墙出现贯通竖向裂缝

图 2-93

（2）长期受自然环境风化侵蚀与屋面漏雨受潮及干燥的反复作用，受压墙表面风化、剥落、泥浆粉化，有效截面面积削弱达 1/4 以上（图 2-99、图 2-100）。

（3）支承梁或屋架端部的墙体或柱截面因局部受压产生多条竖向裂缝，或最大裂缝宽度已超过 10mm（图 2-101～图 2-103）。

（4）墙因偏心受压产生水平裂缝，缝宽大于 1mm（图 2-104）。

（5）墙产生倾斜，其倾斜率大于 0.5%，或相邻墙体连接处断裂成通缝（图 2-105、图 2-106）。

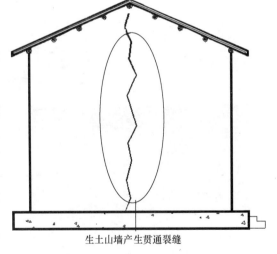

生土山墙产生贯通裂缝

图 2-94

（6）墙出现挠曲鼓闪（图 2-107、图 2-108）。

（7）生土房屋开间未设横墙（图 2-109）。

（8）单层生土房屋的檐口高度大于 2.5m，开间大于 3.3m；窑洞净跨大于 2.5m，图 2-110、图 2-111。

（9）生土墙高厚比：大于 12，且墙体自由长度大于 6m（图 2-112）。

（10）同一面墙体由不同材料砌筑而成（图 2-113～图 2-115）。

（11）土柱有开裂，且构造不合理（图 2-116、图 2-117）。

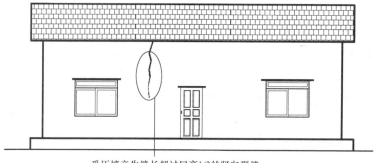

受压墙产生缝长超过层高1/2的竖向裂缝

图 2-95

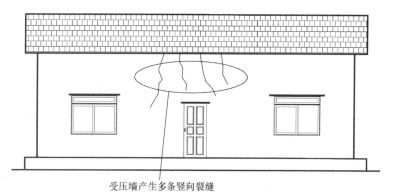

受压墙产生多条竖向裂缝

图 2-96

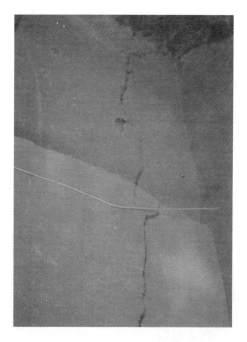

图 2-97

图 2-98

图 2-99

图 2-100

屋架端部的墙体因局部受压
产生多条竖向裂缝，
或最大裂缝宽度已超过10mm

图 2-101

图 2-102

图 2-103

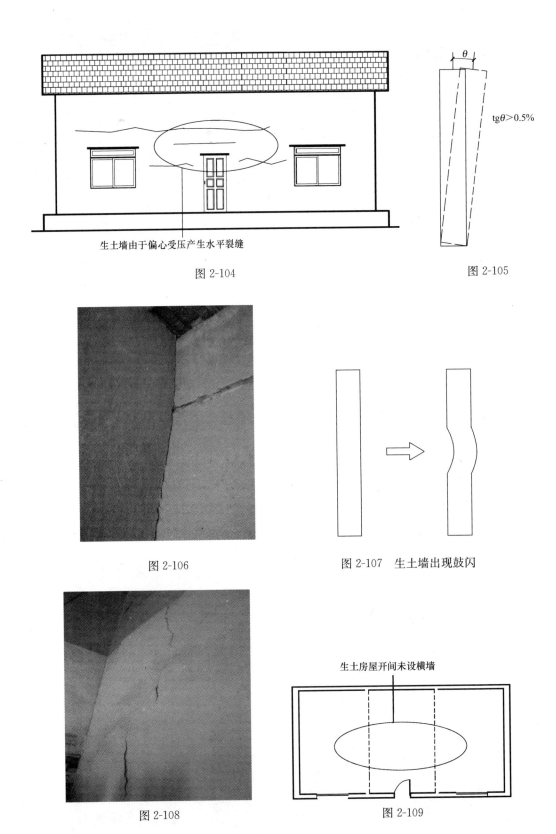

图 2-104

生土墙由于偏心受压产生水平裂缝

$tg\theta > 0.5\%$

图 2-105

图 2-106

图 2-107　生土墙出现鼓闪

图 2-108

生土房屋开间未设横墙

图 2-109

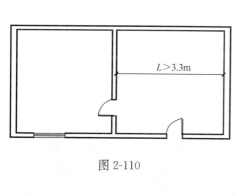

图 2-110

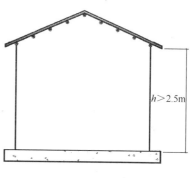

图 2-111

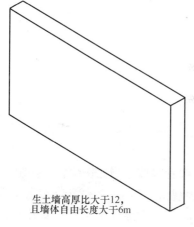

生土墙高厚比大于12,
且墙体自由长度大于6m

图 2-112

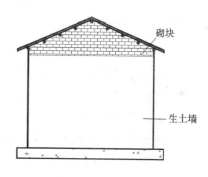

砌块

生土墙

图 2-113

图 2-114

图 2-115

裂缝

土柱有开裂

图 2-116   图 2-117

2.8.5 混凝土结构构件

1. 构造特征

以混凝土为主制成的结构称为混凝土结构，它主要由混凝土梁、柱和板等构件构成。混凝土构件分类及说明如下：

（1）混凝土是由胶凝材料（水泥）、水和粗、细骨料按适当比例配合，拌制成拌合物，经一定时间硬化而成的人造石材。普通混凝土干表观密度为 $1900 \sim 2500 kg/m^3$，是由天然砂、石作骨料制成的。当构件的配筋率小于钢筋混凝土中纵向受力钢筋最小配筋百分率时，应视为素混凝土结构。这种材料具有较高的抗压强度，而抗拉强度却很低，故一般在以受压为主的结构构件中采用，如柱墩、基础墙等。

（2）当在混凝土中配以适量的钢筋，则为钢筋混凝土。钢筋和混凝土两种物理、力学性能很不相同的材料之所以能有效地结合在一起共同工作，主要靠两者之间存在黏结力，受荷后协调变形，再者这两种材料温度线膨胀系数接近，此外钢筋至混凝土边缘之间的混凝土，作为钢筋的保护层，使钢筋不受锈蚀并提高构件的防火性能。由于钢筋混凝土结构合理地利用了钢筋和混凝土两者性能特点，可形成强度较高，刚度较大的结构，其耐久性和防火性能好，可模性好，结构造型灵活，以及整体性、延性好，适用于抗震结构等特点，因而在建筑结构及其他土木工程中得到广泛应用。

（3）预应力混凝土是在混凝土结构构件承受荷载之前，利用张拉配在混凝土中的高强度预应力钢筋而使混凝土受到挤压，所产生的预压应力可以抵消外荷载所引起的大部分或全部拉应力，也就提高了结构构件的抗裂度。预应力混凝土由于不出现裂缝或裂缝宽度较小，所以它比普通钢筋混凝土的截面刚度要大，变形要小；另一方面预应力使构件或结构产生的变形与外荷载产生的变形方向相反（习惯称为"反拱"），因而可抵消后者一部分变形，使之容易满足结构对变形的要求，故预应力混凝土适宜于建造大跨度结构。混凝土和预应力钢筋强度越高，可建立的预应力值越大，则构件的抗裂性越好。同时，由于合理有效地利用高强度钢材，从而节约钢材，减轻结构自重。由于抗裂性高，可建造水工、储水和其他不渗漏结构。

（4）梁的截面宽度不宜小于200mm，截面高宽比不宜大于4，净跨与截面高度之比不宜小于4。

（5）柱的截面宽度和高度均不宜小于300mm；圆柱直径不宜小于350mm，剪跨比宜大于2，截面长边与短边的边长比不宜大于3。

（6）现浇板在砌体墙上的支承长度不宜小于120mm。冷拔钢丝预应力简支板的搁置长度应按板的截面高度确定。

2. 危险点特征

混凝土结构构件应重点检查柱、梁、板及屋架的受力裂缝和主筋锈蚀状况，柱的根部和顶部的水平裂缝，屋架倾斜以及支撑系统稳定等。

混凝土构件有下列现象之一者，应评定为危险点：

（1）梁、板产生超过$L_0/150$的挠度，且受拉区最大裂缝宽度大于1mm（图2-118）。

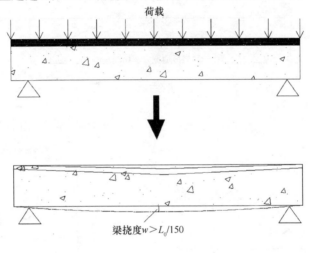

图 2-118

（2）简支梁、连续梁跨中部受拉区产生竖向裂缝，其一侧向上延伸达梁高的2/3以上，且缝宽大于0.5mm，或在支座附近出现剪切斜裂缝，缝宽大于0.4mm（图2-119）。

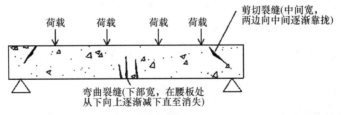

图 2-119

（3）梁、板受力主筋处产生横向水平裂缝和斜裂缝，缝宽大于1mm，板产生宽度大于0.4mm的受拉裂缝（图2-120～图2-121）。

（4）梁、板因主筋锈蚀，产生沿主筋方向的裂缝，缝宽大于1mm，或构件混凝土严重缺损，或混凝土保护层严重脱落、露筋，钢筋锈蚀后有效截面小于4/5（图2-122）。

（5）受压柱产生竖向裂缝，保护层剥落，主筋外露锈蚀；或一侧产生水平裂缝，缝宽大于1mm，另一侧混凝土被压碎，主筋外露锈蚀，见图2-123、图2-124。

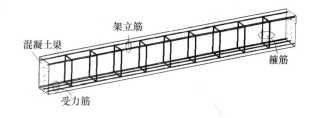

图 2-120

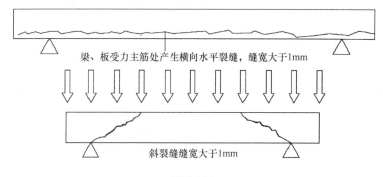

图 2-121

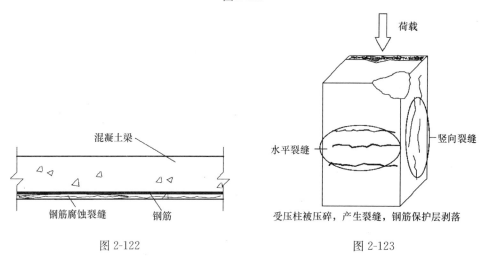

图 2-122   图 2-123

（6）柱、墙产生倾斜、位移，其倾斜率超过高度的 1%，其侧向位移量大于 $h/500$，见图 2-125、图 2-126。

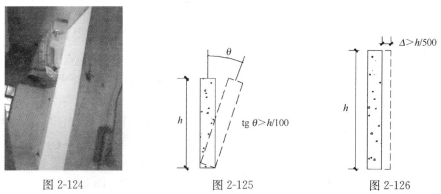

图 2-124   图 2-125   图 2-126

（7）柱、墙混凝土酥裂、碳化、起鼓，其破坏面大于全截面的 1/3，且主筋外露，锈蚀严重，截面减小（图 2-127）。

（8）柱、墙侧向变形大于 $h/250$，或大于 30mm（图 2-128）。

（9）屋架产生大于 $L_0/200$ 的挠度，且下弦产生横断裂缝，缝宽大于 1mm。

（10）屋架支撑系统失效导致倾斜，其倾斜率大于屋架高度的 2%（图 2-129）。

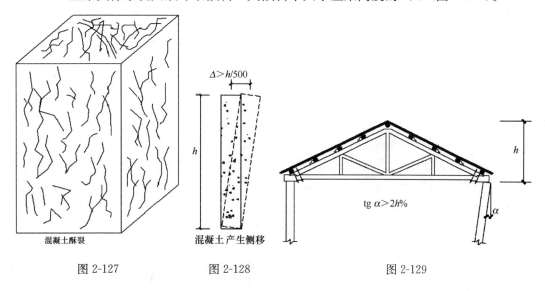

混凝土酥裂　　　　　混凝土产生侧移

图 2-127　　　　　图 2-128　　　　　图 2-129

（11）端节点连接松动，且伴有明显的变形裂缝（图 2-130）。

（12）梁、板有效搁置长度小于规定值的 70%（图 2-131）。

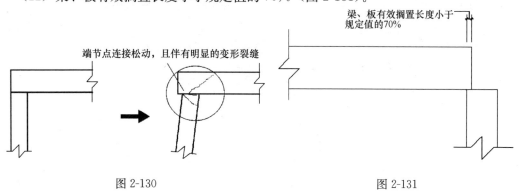

图 2-130　　　　　　　　　图 2-131

2.8.6　钢屋架构件

1. 构造特征

钢屋盖由钢屋架和屋面及附属物（如天窗）组成。从受力分析角度可分为平面结构和空间结构。对平面钢屋架，又称普通钢屋架，为了增加空间稳定性，除屋架和屋面外，还要有支撑体系。根据屋面材料，平面钢屋架可以设计成无檩屋盖或有檩屋盖。而空间钢屋架有网状结构、悬索结构和折结构等。

钢屋架是由杆件和节点有规律组合而成。平面钢屋架是由屋架和支撑体系组成，从受力角度看，都可分解为平面桁架。而空间结构钢屋架，有的可分解为桁架交叉，有的可分解为角锥体系组合，不管是桁架交叉，还是角锥体系组合，均由节点连接的弦杆和腹杆组成。常见的三种典型的钢屋架，即有檩结构的三角形钢屋架、无檩结构的梯形钢屋架和平板网架。

目前轻型钢屋架应用也较为普遍。轻型钢屋架主要指较多杆件采用小角钢或圆钢组成的屋架以及冷弯薄壁型钢屋架，适用于跨度较小（一般9～18m）和屋面荷载较轻的屋架，可节省钢材，运输和安装也较方便灵活，并能减轻下部结构荷载。轻型钢结构一般不适于直接承受动力荷载，以及在高温、高湿和强烈侵蚀环境中使用。轻型钢屋架的设计与普通钢屋架基本相同。

2. 危险点特征

钢结构构件应重点检查各连接节点的焊缝、螺栓、铆钉等情况；应注意钢柱与梁的连接形式、支撑杆件、柱脚与基础连接损坏情况，钢屋架杆件弯曲、截面扭曲、节点板弯折状况和钢屋架挠度、侧向倾斜等偏差状况。

钢结构构件有下列现象之一者，应评定为危险点：

（1）构件或连接件有裂缝或锐角切口；焊缝、螺栓或铆接有拉开、变形、滑移、松动、剪坏等严重损坏（图2-132）；

（2）连接方式不当，构造有严重缺陷；

（3）受拉构件因锈蚀，截面减少大于原截面的10%；

（4）梁、板等构件挠度大于$L_0/250$，或大于45mm（图2-133）。

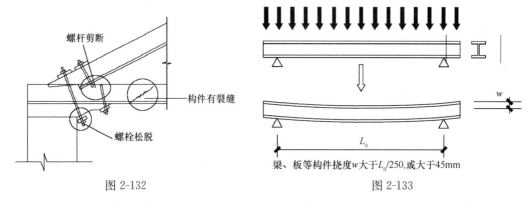

图2-132

梁、板等构件挠度w大于$L_0/250$，或大于45mm

图2-133

（5）实腹梁侧弯矢高大于$L_0/600$，且有发展迹象（图2-134）。

（6）钢柱顶位移，平面内大于$h/150$，平面外大于$h/500$，或大于40mm（图2-135）。

（7）屋架产生大于$L_0/250$或大于40mm的挠度；屋架支撑系统松动失稳，导致屋架倾斜，倾斜量超过$h/150$。见图2-136、图2-137。

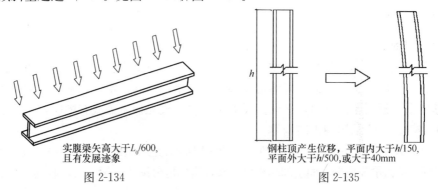

实腹梁矢高大于$L_0/600$，且有发展迹象

图2-134

钢柱顶产生位移，平面内大于$h/150$，平面外大于$h/500$，或大于40mm

图2-135

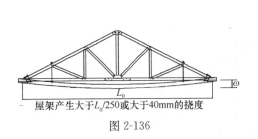

屋架产生大于$L_0/250$或大于40mm的挠度

图 2-136

屋架支撑系统松动失稳,导致
屋架倾斜,倾斜量超过$h/150$

图 2-137

2.8.7 石结构构件

石结构构件应重点检查石砌墙、柱、梁、板的构造连接部位,纵横墙交接处的斜向或竖向裂缝状况,石砌体承重墙体的变形和裂缝状况以及拱脚的裂缝和位移状况。注意量测其裂缝宽度、长度、深度、走向、数量及其分布,并观测其发展趋势。

石结构构件有下列现象之一者,应评定为危险点:

(1) 承重墙或门窗间墙出现阶梯形斜向裂缝,且最大裂缝宽度大于 10mm(图 2-138、图 2-139)。

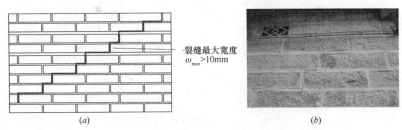

图 2-138 承重墙沿灰缝出现斜向裂缝
(a) 示意图;(b) 实物图

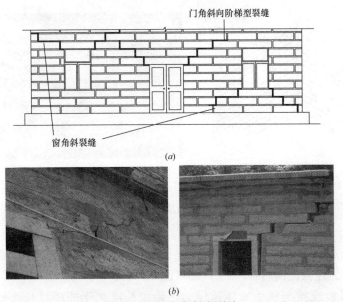

图 2-139 门窗角斜向裂缝
(a) 示意图;(b) 实物图

（2）承重墙整体沿水平灰缝滑移大于 3mm（如图 2-140）。

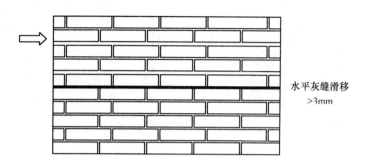

图 2-140　承重墙整体滑移

（3）承重墙、柱产生倾斜，其倾斜率大于 1/200（图 2-141）。

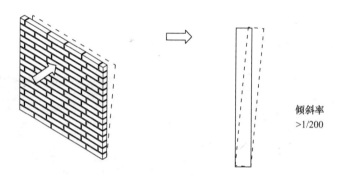

图 2-141　承重墙、柱倾斜

（4）纵横墙连接处竖向裂缝的最大裂缝宽度大于 2mm（图 2-142）。

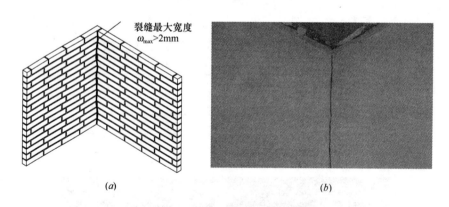

图 2-142　纵横墙连接处竖向裂缝
(a) 示意图；(b) 实物图

（5）梁端在柱顶搭接处出现错位，错位长度大于柱沿梁支撑方向上的截面高度 h（当柱为圆柱时，h 为柱截面的直径）的 1/25（图 2-143）。

（6）料石楼板或梁与承重墙体错位后，错位长度大于原搭接长度的 1/25（如图 2-144）。

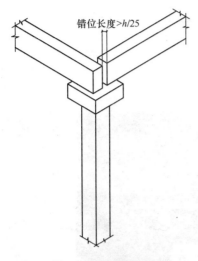

图 2-143　梁端错位

图 2-144　石板错位

（7）石楼板净跨超过 4m，或悬挑超过 0.5m（图 2-145）。

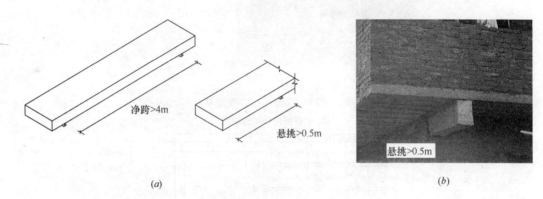

（a）　　　　　　　　　　　　　　（b）

图 2-145　石板尺寸超限

（a）示意图；（b）实物图

（8）石柱、石梁或石楼板出现断裂（图 2-146）。

（9）支撑梁或屋架端部的承重墙体个别石块断裂或垫块压碎（图 2-147）。

（10）墙柱因偏心受压产生水平裂缝，缝宽大于 0.5mm；墙体竖向通缝长度超过1000mm（图 2-148）。

（11）墙、柱刚度不足，出现挠曲鼓闪，且在挠曲部位出现水平或交叉裂缝；

（12）石砌墙高厚比：单层大于 18，二层大于 15，且墙体自由长度大于 6m（图 2-149）。

（13）墙体的偏心距达墙厚的 1/6（图 2-150）；

（14）石结构房屋横墙洞口的水平截面面积，大于全截面面积的 1/3（图 2-151）。

（15）受压墙、柱表面风化、剥落，砂浆粉化，有效截面削弱达 1/5 以上。

（16）其他显著影响结构整体性的裂缝、变形、错位等情况。

（17）墙体因缺少拉结石而出现局部坍塌。

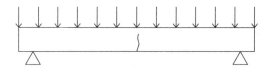

(a)

(b)

图 2-146　石梁、石楼板断裂

（a）示意图；（b）实物图

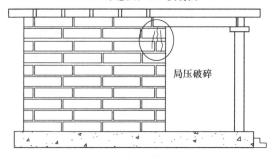

局压破碎

(a)

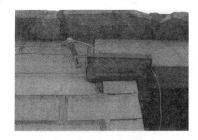

(b)

图 2-147　支撑处局部破坏

（a）示意图；（b）实物图

(*a*) (*b*)

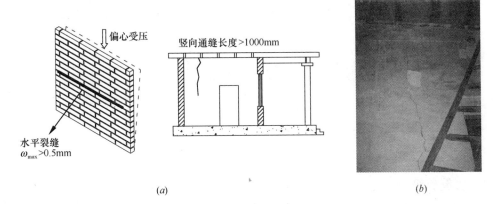

图 2-148 墙体裂缝

（*a*）示意图；（*b*）实物图

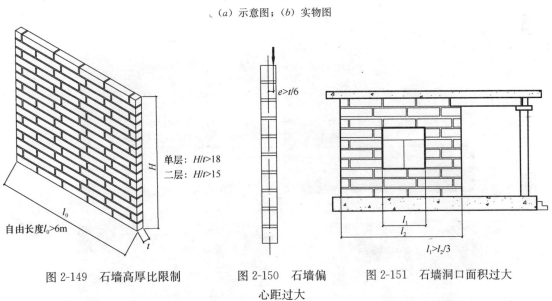

图 2-149 石墙高厚比限制

图 2-150 石墙偏心距过大

图 2-151 石墙洞口面积过大

3 农村房屋鉴定案例

3.1 砌体结构—墙体承重房屋

3.1.1 房屋等级—A类

1. 房屋总体情况

云南省米甸镇阿标箐村尹某家为2层砖混结构，结构长16m、宽5m、高6m，主要承重构件为黏土砖墙，屋盖采用钢筋混凝土现浇屋盖，如图3-1所示。

(a)

(b)

(c)

图3-1 房屋总体情况

(a) 正视图；(b) 楼梯间；(c) 侧视图

2. 房屋危险点评定及分布

无危险点。

3. 房屋等级评定

1) 房屋定性鉴定

经调查，该房屋建筑基础稳定，内外墙体、梁、柱、屋盖、楼板均无损伤，定性判断为 A 级。

定 性 鉴 定 表

结构组成部分检查结果	a 完好	b 轻微	c 中等	d 严重
1 场地安全程度			(a)	
2 地基基础			(a)	
3 房屋整体倾斜			(a)	
4 上部承重结构			(a)	
5 围护结构			(a)	
房屋综合评定				
评定等级	A（√）	B	C	D

2) 房屋定量鉴定

因为无危险构件没有危险点，定量判定也为 A 级。

3.1.2 房屋等级—B 类

1. 房屋总体情况

安徽省睢溪县南坪镇朱口村徐家庄徐某家为 1 层砖木结构，主要承重构件为砖墙，墙体厚度约为 240mm，屋盖采用承重墙上支木檩条。结构长 13.4m，宽 7.5m，高 3.6m，正视图及结构平面图见图 3-2。

(a)

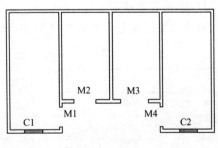

(b)

图 3-2 房屋总体情况

(a) 正视图；(b) 结构平面图

2. 房屋危险点评定及分布（图 3-3、图 3-4）

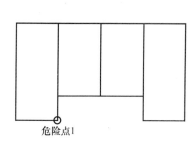

图 3-3　危险点分布图

图 3-4　危险点 1：墙体受剪开裂

3. 房屋等级评定

1）房屋定性评定

经询问，该房屋建于 20 世纪 90 年代，地基基础稳定，无明显不均匀沉降。目前房屋主要有轻微墙体开裂，纵横墙交接处无松动、脱闪现象。定性判断为 B。

定 性 鉴 定 表

结构组成部分检查结果	a 完好	b 轻微	c 中等	d 严重
1　场地安全程度			(a)	
2　地基基础			(a)	
3　房屋整体倾斜			(a)	
4　上部承重结构			(b)	
5　围护结构			(b)	
房屋综合评定				
评定等级	A	B（√）	C	D

2）房屋定量评定

对该房屋结构进一步进行危险性定量鉴定复核。

定 量 鉴 定 表

房屋场地危险性鉴定			
是否为危险场地		否	
房屋组成构件危险点判定			
构件名称	构件总数	危险构件数	构件百分数
地基	$n=1$	$n_d=0$	地基基础危险构件百分数 $P_{fdm}=0\%$
基础	$n=1$	$n_d=0$	
砌体墙	$n_w=13$	$n_{dw}=1$	承重结构危险构件百分数 $P_{sdm}=7.7\%$

房屋组成部分评定				
	房屋组成部分等级	地基基础	上部结构	围护结构
房屋组成部分隶属函数	a	$\mu_{af}=1$	$\mu_{as}=0$	$\mu_{aes}=1$
	b	$\mu_{bf}=1$	$\mu_{bs}=0.89$	$\mu_{bes}=1$
	c	$\mu_{cf}=0$	$\mu_{cs}=0.11$	$\mu_{ces}=0$
	d	$\mu_{df}=0$	$\mu_{ds}=0$	$\mu_{des}=0$
房屋综合评定				
房屋隶属函数	A	$\mu_A=0.3$		
	B	$\mu_B=0.3$		
	C	$\mu_C=0.11$		
	D	$\mu_D=0.3$		

经定量鉴定，该房屋结构等级为 B。

3.1.3 房屋等级—C 类

1. 房屋总体情况

睢溪县五沟镇国政村子杨庄杨某家为 1 层砌体结构，主要承重构件为砌体墙，墙体厚度约为 240mm，屋盖采用承重墙上支钢筋混凝土檩条。结构长 10m，宽 6m，高 3m，房屋总体情况如图 3-5 所示。

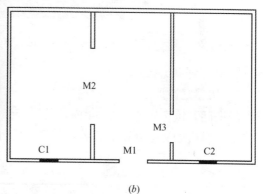

(a)   (b)

图 3-5　房屋总体情况

(a) 正视图；(b) 结构平面图

2. 房屋危险点评定及分布（图 3-6～图 3-10）

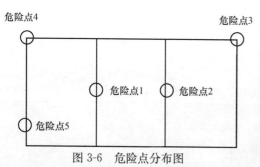

图 3-6　危险点分布图

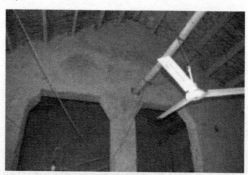

图 3-7　危险点 1：墙体开洞大、砖柱无有效支撑

图 3-8　危险点 2：墙上裂缝 1cm　　　　图 3-9　危险点 3：墙上裂缝

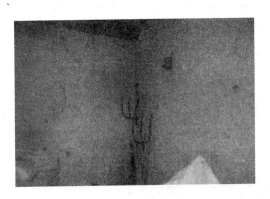

图 3-10　危险点 4：横纵墙连接裂缝

3. 房屋等级评定

1) 房屋定性评定

经询问，该房屋建于 20 年前，其后未经过维修。目前房屋主要有墙体开裂、整面墙不稳定、纵横墙交接处拉裂等破坏特征，定性判断为 B 级。

定 性 鉴 定 表

结构组成部分检查结果	a 完好	b 轻微	c 中等	d 严重
1　场地安全程度			(a)	
2　地基基础			(a)	
3　房屋整体倾斜			(a)	
4　上部承重结构			(b)	
5　围护结构			(b)	
房屋综合评定				
评定等级	A	B（✓）	C	D

2) 房屋定量评定

对该房屋结构进一步进行危险性定量鉴定复核。

定 量 鉴 定 表

房屋场地危险性鉴定			
是否为危险场地		否	
房屋组成构件危险点判定			
构件名称	构件总数	危险构件数	构件百分数
地基	$n=1$	$n_d=0$	地基基础危险构件百分数 $P_{fdm}=0\%$
基础	$n=1$	$n_d=0$	
砌体墙	$n_w=10$	$n_{dw}=5$	承重结构危险构件百分数 $P_{sdm}=50\%$
房屋组成部分评定			

	房屋组成部分等级	地基基础	上部结构	围护结构
房屋组成部分隶属函数	a	$\mu_{af}=1$	$\mu_{as}=0$	$\mu_{aes}=1$
	b	$\mu_{bf}=1$	$\mu_{bs}=0$	$\mu_{bes}=1$
	c	$\mu_{cf}=0$	$\mu_{cs}=0.71$	$\mu_{ces}=0$
	d	$\mu_{df}=0$	$\mu_{ds}=0.29$	$\mu_{des}=0$

房屋综合评定		
房屋隶属函数	A	$\mu_A=0.3$
	B	$\mu_B=0.3$
	C	$\mu_C=0.6$
	D	$\mu_D=0.29$

经定量鉴定，该房屋结构等级为 C。

3.2 砌体结构—墙体和木屋架承重房屋

3.2.1 房屋等级—A 类

1. 房屋总体情况

云南省沧源县勐角乡勐角村李某家为 1 层砖木结构。屋架为山墙抬梁支撑。地基基础用料为毛石。房屋为 3 间，开间 3m、进深 6m、高 2.5m。屋盖采用木屋架上铺檩条，上面铺设小筒瓦。图 3-11、图 3-12 为房屋的正视图和后视图。

图 3-11 正视图

图 3-12 后视图

2. 房屋危险点评定及分布

无危险点。

3. 房屋等级评定

1）房屋定性评定

经询问，该房屋建于 2007 年，建筑费用大概为 3 万元，为扶贫建筑。地基基础无不均匀沉降。内外墙为砖墙，没有倾斜、开裂、冲刷等损伤，檩条系固良好，屋架杆件及节点良好，屋面无漏雨。定性判定为 A 类。

2）房屋定量评定

由于无危险点，所以定量评定为 A 类。

3.2.2 房屋等级—C 类

1. 房屋总体情况

陕西省宜君县城关镇下关庄组李某家为 1 层砌体-木屋架结构，主要承重构件为砖砌体墙，墙体厚度约为 240mm，屋盖采用木屋架上布置木檩条，屋面为瓦屋面。正视图及结构平面简图见图 3-13、图 3-14。

图 3-13　正视图

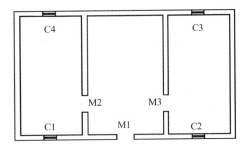

图 3-14　结构平面图

2. 房屋危险点判定及分布（图 3-15～图 3-18）

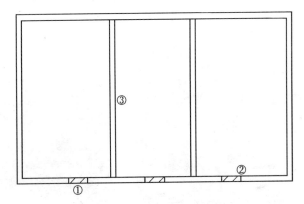

图 3-15　危险点分布

图 3-16 危险点 1：窗台下墙开裂

图3-17 危险点 2：窗右上角下斜裂

图 3-18 危险点 3：木屋架主立杆竖向裂缝

3. 房屋等级评定

1）房屋定性评定

目前房屋主要有窗台墙体开裂、窗过梁上斜裂缝、木屋架主立杆竖向缝等破坏特征，定性判断为 B 级。

定 性 鉴 定 表

结构组成部分检查结果	a 完好	b 轻微	c 中等	d 严重
1 场地安全程度			(a)	
2 地基基础			(a)	
3 房屋整体倾斜			(a)	
4 上部承重结构			(b)	
5 围护结构			(b)	
房屋综合评定				
评定等级	A	B（✓）	C	D

2) 房屋定量评定

定性鉴定结果为 B 级，需对该房屋结构进一步进行危险性定量鉴定复核。

定 量 鉴 定 表

房屋场地危险性鉴定				
是否为危险场地			否	
房屋组成构件危险点判定				
构件名称	构件总数	危险构件数	构件百分数	
地基	$n=1$	$n_d=0$	地基基础危险构件百分数 $P_{fdm}=0\%$	
基础	$n=1$	$n_d=0$		
砌体墙	$n_w=4$	$n_{dw}=1$	承重结构危险构件百分数 $P_{sdm}=32\%$	
木屋架	$n_s=2$	$n_{ds}=1$		
房屋组成部分评定				
房屋组成部分隶属函数	房屋组成部分等级	地基基础	上部结构	围护结构
	a	$\mu_{af}=1$	$\mu_{as}=0$	$\mu_{aes}=1$
	b	$\mu_{bf}=1$	$\mu_{bs}=0$	$\mu_{bes}=1$
	c	$\mu_{cf}=0$	$\mu_{cs}=0.97$	$\mu_{ces}=0$
	d	$\mu_{df}=0$	$\mu_{ds}=0.029$	$\mu_{des}=0$
房屋综合评定				
房屋隶属函数	A	$\mu_A=0.3$		
	B	$\mu_B=0.3$		
	C	$\mu_C=0.6$		
	D	$\mu_D=0.029$		

经定量鉴定，该房屋结构等级为 C。

3.2.3 房屋等级—D 类

1. 房屋总体情况

安徽省睢溪县临涣镇四里村五里郢陈某家为 1 层砖砌体结构，主要承重构件为黏土砖墙，屋盖采用木屋架上铺檩条。结构长 10m、宽 5m、高 2.8m，正视图见图 3-19。

2. 房屋危险点评定及分布（图 3-20～图 3-26）

图 3-19 正视图

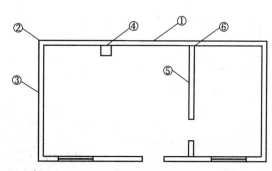

图 3-20 结构平面图及危险点分布

图 3-21　危险点 1

图 3-22　危险点 2

图 3-23　危险点 3

图 3-24　危险点 4

图 3-25　危险点 5

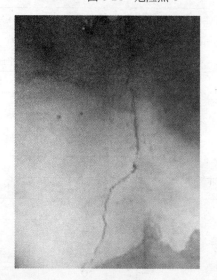

图 3-26　危险点 6

3. 房屋等级评定

1）房屋定性评定

经询问，该房屋建于20世纪80年代，其后曾经过维修。目前房屋主要有墙体闪鼓、开裂、倾斜，纵横墙交接处拉裂等破坏特征，定性判断为D级。

定 性 鉴 定 表

结构组成部分检查结果	a 完好	b 轻微	c 中等	d 严重
1 场地安全程度			(a)	
2 地基基础			(b)	
3 房屋整体倾斜			(d)	
4 上部承重结构			(d)	
5 围护结构			(b)	
房屋综合评定				
评定等级	A	B	C	D（√）

2）房屋定量评定

对该房屋结构进一步进行危险性定量鉴定复核。

定 量 鉴 定 表

房屋场地危险性鉴定			
是否为危险场地		否	
房屋组成构件危险点判定			
构件名称	构件总数	危险构件数	构件百分数
地基	$n=1$	$n_d=0$	地基基础危险构件百分数 $P_{fdm}=0\%$
基础	$n=1$	$n_d=0$	
砌体墙	$n_w=9$	$n_{dw}=9$	承重结构危险构件百分数 $P_{sdm}=92\%$
木屋架	$n_s=1$	$n_{ds}=0$	
房屋组成部分评定			
	房屋组成部分等级	地基基础	上部结构	围护结构
房屋组成部分隶属函数	a	$\mu_{af}=1$	$\mu_{as}=0$	$\mu_{aes}=1$
	b	$\mu_{bf}=1$	$\mu_{bs}=0$	$\mu_{bes}=1$
	c	$\mu_{cf}=0$	$\mu_{cs}=0.11$	$\mu_{ces}=0$
	d	$\mu_{df}=0$	$\mu_{ds}=0.88$	$\mu_{des}=0$
房屋综合评定			
房屋隶属函数	A	$\mu_A=0.3$	
	B	$\mu_B=0.3$	
	C	$\mu_C=0.11$	
	D	$\mu_D=0.6$	

经定量鉴定，该房屋结构等级为D。

3.3 砌体结构—墙体和钢屋架承重房屋

3.3.1 房屋等级—C类

1. 房屋总体情况

安徽省睢溪县南坪镇太平庄朱某家为1层砖砌体结构，主要承重构件为黏土砖墙，屋盖采用钢屋架上铺檩条。结构长12m，宽5m，高3.5m，正视图及结构平面图见图3-27、图3-28。

2. 房屋危险点评定及分布（图3-29～图3-31）

图 3-27　正视图

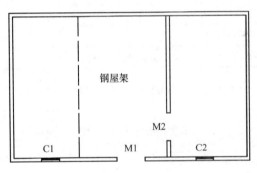

图 3-28　结构平面图

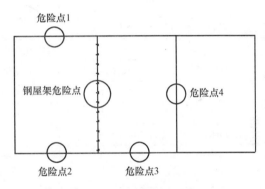

图 3-29　危险点分布

图 3-30　危险点1

图 3-31　危险点4

3. 房屋等级评定

1）房屋定性评定

经询问，该房屋建于20世纪80年代，其后未经过维修。目前房屋主要有纵横墙交接处拉裂，钢屋架节点连接不当等损坏特征，定性判断为C级。

定 性 鉴 定 表

结构组成部分检查结果	a 完好	b 轻微	c 中等	d 严重
1 场地安全程度			(a)	
2 地基基础			(a)	
3 房屋整体倾斜			(a)	
4 上部承重结构			(c)	
5 围护结构			(a)	
房屋综合评定				
评定等级	A	B	C（✓）	D

2）房屋定量评定

对该房屋结构进一步进行危险性定量鉴定复核。

定 量 鉴 定 表

房屋场地危险性鉴定			
是否为危险场地		否	
房屋组成构件危险点判定			
构件名称	构件总数	危险构件数	构件百分数
地基	$n=1$	$n_d=0$	地基基础危险构件百分数 $P_{fdm}=0\%$
基础	$n=1$	$n_d=0$	
砌体墙	$n_w=10$	$n_{dw}=4$	承重结构危险构件百分数 $P_{sdm}=44\%$
钢架	$n_s=1$	$n_{ds}=1$	
房屋组成部分评定			
	房屋组成部分等级	地基基础	上部结构	围护结构
房屋组成部分隶属函数	a	$\mu_{af}=1$	$\mu_{as}=0$	$\mu_{aes}=1$
	b	$\mu_{bf}=1$	$\mu_{bs}=0$	$\mu_{bes}=1$
	c	$\mu_{cf}=0$	$\mu_{cs}=0.9$	$\mu_{ces}=0$
	d	$\mu_{df}=0$	$\mu_{ds}=0.2$	$\mu_{des}=0$
房屋综合评定			
房屋隶属函数	A	$\mu_A=0.3$		
	B	$\mu_B=0.3$		
	C	$\mu_C=0.6$		
	D	$\mu_D=0.2$		

经定量鉴定，该房屋结构等级为 C。

3.3.2 房屋等级—D 类

1. 房屋总体情况

安徽省睢溪县五沟镇赵庄赵某家为 1 层砌体—钢屋架结构，主要承重构件为砖砌体墙，墙体厚度约为 240mm，屋盖采用钢屋架屋架上支钢筋混凝土檩条。结构长 9m，宽

5m，高 2.8m，房屋总体情况见图 3-32～图 3-34。

图 3-32　正视图

图 3-33　钢屋架

2. 房屋危险点评定及分布（图 3-35～图 3-41）

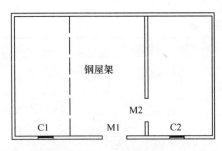

图 3-34　结构平面图

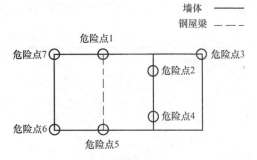

图 3-35　危险点分布图

图 3-36　危险点 1：屋架端部局部承压裂缝

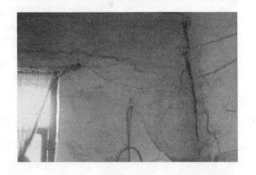

图 3-37　危险点 3：墙上裂缝

图 3-38　危险点 4：墙上裂缝

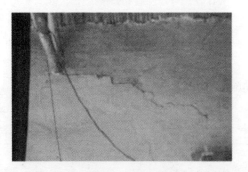

图 3-39　危险点 5：屋架端部局部裂缝

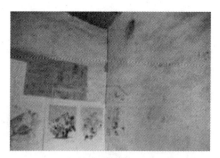

图 3-40 危险点 6：横纵墙连接裂缝   图 3-41 危险点 7：横纵墙连接裂缝

3．房屋等级评定

1）房屋定性评定

经询问，该房屋建于 20 年前，其后未经过维修。目前房屋主要有墙体开裂、屋架端部局部承压裂缝、纵横墙交接处拉裂等破坏特征，定性判断为 C 级。

定 性 鉴 定 表

结构组成部分检查结果	a 完好	b 轻微	c 中等	d 严重
1 场地安全程度			(a)	
2 地基基础			(b)	
3 房屋整体倾斜			(b)	
4 上部承重结构			(d)	
5 围护结构			(b)	
房屋综合评定				
评定等级	A	B	C	D（✓）

2）房屋定量评定

对该房屋结构进一步进行危险性定量鉴定复核。

定 量 鉴 定 表

房屋场地危险性鉴定				
是否为危险场地		否		
房屋组成构件危险点判定				
构件名称	构件总数	危险构件数	构件百分数	
地基	$n=1$	$n_d=0$	地基基础危险构件百分数 $P_{fdm}=0\%$	
基础	$n=1$	$n_d=0$		
砌体墙	$n_w=9$	$n_{dw}=7$	承重结构危险构件百分数 $P_{sdm}=71\%$	
钢屋架	$n_s=1$	$n_{ds}=0$		
房屋组成部分评定				
房屋组成部分隶属函数	房屋组成部分等级	地基基础	上部结构	围护结构
	a	$\mu_{af}=1$	$\mu_{as}=0$	$\mu_{aes}=1$
	b	$\mu_{bf}=1$	$\mu_{bs}=0$	$\mu_{bes}=1$
	c	$\mu_{cf}=0$	$\mu_{cs}=0.37$	$\mu_{ces}=0$
	d	$\mu_{df}=0$	$\mu_{ds}=0.63$	$\mu_{des}=0$
房屋综合评定				
房屋隶属函数	A	$\mu_A=0.3$		
	B	$\mu_B=0.3$		
	C	$\mu_C=0.41$		
	D	$\mu_D=0.59$		

经定量鉴定，该房屋结构等级为 D。

3.4 生土结构—墙体承重房屋

1. 房屋总体情况

安徽省霍山县磨子潭镇墨子潭村黄家湾组杜某家为 1 层生土结构，主要承重构件为生土墙，屋盖采用生土墙上铺檩条。结构长 12m、宽 6m、高 3m，该房屋修建场地土质为松质黏土，建筑距墨子潭水库约 50m，处于危险滑坡地段，2006 年山上修建公路时曾产生过滑坡。由于较长时间浸泡在泥浆中，至今墙体仍留有痕迹，平均深度 1.2m，最深处达 1.33m。正视图及结构平面图见图 3-42、图 3-43。

图 3-42　正视图

2. 房屋危险点评定及分布（图 3-44）

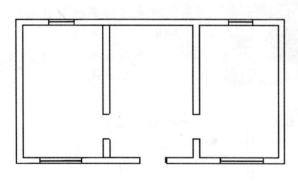

图 3-43　结构平面图

图 3-44　危险场地

3. 房屋等级评定

1）房屋定性评定

经询问，该房屋建于 20 世纪 80 年代，其后未经过维修。目前房屋主要有漏雨、墙体开裂等破坏特征，处于危险滑坡地段，定性判断为 D 级。

定 性 鉴 定 表

结构组成部分检查结果	a 完好	b 轻微	c 中等	d 严重
1　场地安全程度			(d)	
2　地基基础			(a)	
3　房屋整体倾斜			(b)	
4　上部承重结构			(d)	
5　围护结构			(b)	
房屋综合评定				
评定等级	A	B	C	D（√）

2）房屋定量评定

该房屋修建场地土质为松质黏土，建筑距墨子潭水库约 50m，处于危险滑坡地段，2006 年山上修建公路时曾产生过滑坡。

由于场地危险，定量评定等级为 D 级。

3.5 生土结构—墙体和木屋架承重房屋

3.5.1 房屋等级—C 类

图 3-45 正视图

1. 房屋总体情况

睢溪县临涣镇四里村五里郢陈某家为 1 层砖木结构，主要承重构件为砖墙，墙体厚度约为 240mm，屋盖采用木屋架上搭设木檩条。结构长 10m，宽 5.5m，高 2.83m，正视图及结构平面图见图 3-45、图3-46。

2. 房屋危险点评定及分布（图 3-47～图 3-51）

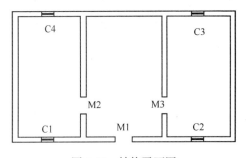

图 3-46 结构平面图

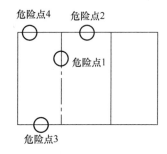

图 3-47 危险点分布

图 3-48 危险点 1：墙体竖向开裂

图 3-49 危险点 2：外墙开裂

3. 房屋等级评定

1) 房屋定性评定

图 3-50 危险点 3：墙体受压开裂

图 3-51 危险点 4：墙体开裂

经询问，该房屋建于 20 世纪 80 代初，目前房屋主要有墙体受压开裂，纵横墙交接处受拉开裂等现象。定性判断为 C 级。

定 性 鉴 定 表

结构组成部分检查结果	a 完好	b 轻微	c 中等	d 严重
1 场地安全程度			(a)	
2 地基基础			(a)	
3 房屋整体倾斜			(a)	
4 上部承重结构			(c)	
5 围护结构			(b)	
房屋综合评定				
评定等级	A	B	C（✓）	D

2) 房屋定量评定

对该房屋结构进一步进行危险性定量鉴定复核。

定 量 鉴 定 表

房屋场地危险性鉴定			
是否为危险场地		否	
房屋组成构件危险点判定			
构件名称	构件总数	危险构件数	构件百分数
地基	$n=1$	$n_d=0$	地基基础危险构件百分数 $P_{fdm}=0\%$
基础	$n=1$	$n_d=0$	
生土墙	$n_w=9$	$n_{dw}=7$	承重结构危险构件百分数 $P_{sdm}=41\%$
木屋架	$n_s=1$	$n_{ds}=0$	

房屋组成部分评定				
	房屋组成部分等级	地基基础	上部结构	围护结构
房屋组成部分隶属函数	a	$\mu_{af}=1$	$\mu_{as}=0$	$\mu_{aes}=1$
	b	$\mu_{bf}=1$	$\mu_{bs}=0$	$\mu_{bes}=1$
	c	$\mu_{cf}=0$	$\mu_{cs}=0.84$	$\mu_{ces}=0$
	d	$\mu_{df}=0$	$\mu_{ds}=0.16$	$\mu_{des}=0$
房屋综合评定				
房屋隶属函数	A		$\mu_A=0.3$	
	B		$\mu_B=0.3$	
	C		$\mu_C=0.6$	
	D		$\mu_D=0.16$	

经定量鉴定，该房屋结构等级为 C。

3.5.2 房屋等级—D 类

1. 房屋总体情况

陕西省宜君县哭泉乡寨里坡村后老庄杨某家为 1 层生土结构，主要承重构件为生土墙和木屋架，屋盖采用木屋架上铺檩条。结构长 9m，宽 6m，高 4.5m，房屋正视图及结构平面图见图 3-52、图 3-53。

图 3-52　正视图　　　　　　　　　　图 3-53　结构布置图

2. 房屋危险点判定及分布（图 3-54～图 3-61）

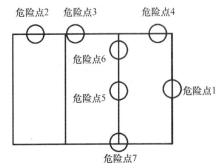

图 3-54　危险点分布

图 3-55　危险点 1：山墙厚度不一

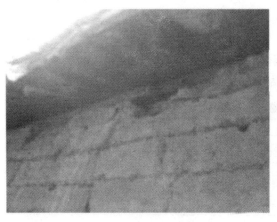

图 3-56 危险点 2：墙体遭遇水冲刷

图 3-57 危险点 3：墙体裂缝

图 3-58 危险点 4：墙面风化

图 3-59 危险点 5：木屋架被虫蛀

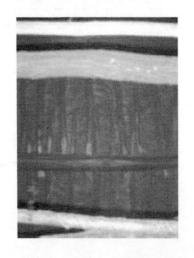

图 3-60 危险点 6：檩条开裂

图 3-61 危险点 7：屋架端部局部承压裂缝

3. 房屋等级评定

1) 房屋定性评定

该房屋建于 1965 年。目前房屋主要有墙体开裂，纵横墙交接处拉裂，墙土脱落，木梁腐蚀，木节点开裂等破坏特征，定性判断为 D 级。

定 性 鉴 定 表

结构组成部分检查结果	a 完好	b 轻微	c 中等	d 严重
1 场地安全程度			(a)	
2 地基基础			(b)	
3 房屋整体倾斜			(b)	
4 上部承重结构			(d)	
5 围护结构			(b)	
房屋综合评定				
评定等级	A	B	C	D（√）

2) 房屋定量评定

定性鉴定结果为 D 级，需对该房屋结构进一步进行危险性定量鉴定复核。

定 量 鉴 定 表

房屋场地危险性鉴定				
是否为危险场地		否		
房屋组成构件危险点判定				
构件名称	构件总数	危险构件数	构件百分数	
地基	$n=1$	$n_d=0$	地基基础危险构件百分数 $P_{fdm}=0\%$	
基础	$n=1$	$n_d=0$		
生土墙	$n_w=10$	$n_{dw}=8$	承重结构危险构件百分数 $P_{sdm}=74\%$	
木屋架	$n_s=1$	$n_{ds}=0$		
房屋组成部分评定				
	房屋组成部分等级	地基基础	上部结构	围护结构
房屋组成部分隶属函数	a	$\mu_{af}=1$	$\mu_{as}=0$	$\mu_{aes}=1$
	b	$\mu_{bf}=1$	$\mu_{bs}=0$	$\mu_{bes}=1$
	c	$\mu_{cf}=0$	$\mu_{cs}=0.37$	$\mu_{ces}=0$
	d	$\mu_{df}=0$	$\mu_{ds}=0.63$	$\mu_{des}=0$
房屋综合评定				
房屋隶属函数	A	$\mu_A=0.3$		
	B	$\mu_B=0.3$		
	C	$\mu_C=0.37$		
	D	$\mu_D=0.6$		

经定量鉴定，该房屋结构等级为 D。

3.6 木结构房屋

3.6.1 房屋等级—D 级

1. 房屋总体情况

安徽省枞阳县横埠镇横埠村横桥组吴某家为 1 层木结构，主要承重构件为木框架承重结构。结构长 6.6m，宽 6.6m，高 3.5m，正视图及结构平面图见图 3-62、图 3-63。

图 3-62　正视图

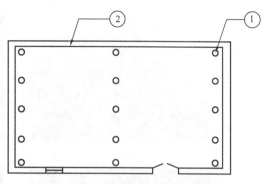

图 3-63　结构平面图（含危险点位置）

2. 房屋危险点评定及分布（图 3-64、图 3-65）

危险点1-1　　　　　危险点1-2　　　　　危险点1-3

危险点1-4　　　　　危险点1-5　　　　　危险点1-6

危险点1-7　　　　　　　　危险点1-8

危险点1-9　　　　　危险点1-10

图 3-64　危险点 1

危险点 2-1　　　　　　　　　　　危险点 2-2

危险点 2-3　　　　　　　　　　　危险点 2-4

图 3-65　危险点 2

3. 房屋等级评定

1) 房屋定性评定

经询问，该房屋建于 20 世纪 80 年代，其后未经过维修。目前房屋主要有墙体开裂，纵横墙交接处拉裂，木柱腐蚀，木节点破坏等破坏特征，定性判断为 D 级。

2) 房屋定量评定

对该房屋结构进一步进行危险性定量鉴定复核。

3.6.2　房屋等级—D 级

1. 房屋总体情况

安徽省枞阳县横埠镇横埠村横桥组钱某家为 1 层木结构，主要承重构件为木框架承重结构。结构长 11m，宽 7m，高 3.3m，正视图及结构平面图见图 3-66、图 3-67。

图 3-66　正视图

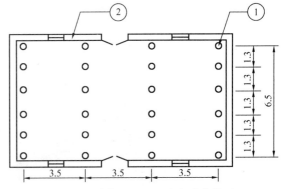

图 3-67　结构平面图（含危险点位置）

2. 房屋危险点评定及分布（图 3-68、图 3-69）

图 3-68　危险点 1

危险点 2-1

危险点 2-2　　　　　　　　　　　　危险点 2-3

危险点 2-4　　　　　　　　　　　　危险点 2-5

图 3-69　危险点 2

3. 房屋等级评定

1）房屋定性评定

经询问，该房屋建于 20 世纪 80 年代，其后未经过维修。目前房屋主要有墙体开裂、倾斜，纵横墙交接处拉裂，木屋架撑杆裂缝等破坏特征，定性判断为 D 级。

定 性 鉴 定 表

结构组成部分检查结果	a 完好	b 轻微	c 中等	d 严重
1　场地安全程度		(a)		
2　地基基础		(b)		
3　房屋整体倾斜		(b)		
4　上部承重结构				(d)
5　围护结构		(b)		
房屋综合评定				
评定等级	A	B　　　　C	D（√）	

2）房屋定量评定

对该房屋结构进一步进行危险性定量鉴定复核。

定 量 鉴 定 表

房屋场地危险性鉴定			
是否为危险场地		否	
房屋组成构件危险点判定			
构件名称	构件总数	危险构件数	构件百分数
地基	$n=1$	$n_d=0$	地基基础危险构件百分数 $P_{fdm}=0\%$
基础	$n=1$	$n_d=0$	
木柱	$n_w=24$	$n_{dw}=24$	承重结构危险构件百分数 $P_{sdm}=100\%$
维护墙	$n_s=11$	$n_{ds}=6$	维护结构危险构件百分比 $P_{esdm}=55\%$
房屋组成部分评定			
	房屋组成部分等级	地基基础	上部结构	围护结构
房屋组成部分隶属函数	a	$\mu_{af}=1$	$\mu_{as}=0$	$\mu_{aes}=0$
	b	$\mu_{bf}=1$	$\mu_{bs}=0$	$\mu_{bes}=0$
	c	$\mu_{cf}=0$	$\mu_{cs}=0$	$\mu_{ces}=0.64$
	d	$\mu_{df}=0$	$\mu_{ds}=1$	$\mu_{des}=0.36$
房屋综合评定			
房屋隶属函数	A	$\mu_A=0.3$	
	B	$\mu_B=0.3$	
	C	$\mu_C=0.1$	
	D	$\mu_D=0.6$	

经定量鉴定，该房屋结构等级为 D。

农村危险房屋鉴定技术导则
（试行）

《农村危险房屋鉴定技术导则》编制组
二〇〇九年三月

目　　次

1 总　　则

1.0.1　为确保既有农村房屋的安全使用，正确判断农村房屋结构危险程度，及时治理危险房屋，制定本技术导则。

1.0.2　本技术导则适用于既有农村房屋的危险性鉴定。

1.0.3　本技术导则在农村房屋的危险性鉴定中考虑场地的影响。

1.0.4　对常见农村房屋类型给出定性及定量鉴定方法。首先采用定性鉴定方法，对于鉴定结果为 D 级房屋，再进行定量鉴定。对定性鉴定结果为 C 级房屋，可根据实际情况再进行定量鉴定。对于定量鉴定方法没有包含的房屋结构类型，可直接采用定性鉴定结果。

1.0.5　本技术导则以房屋使用阶段危险性鉴定为主，鉴定手段主要通过量测结构或结构构件的位移、变形、裂缝等参数，在统计分析的基础上评估，间接实现对承载力的判断。

1.0.6　危险房屋（简称危房）为结构已严重损坏，或承重构件已属危险构件，随时可能丧失稳定和承载能力，不能保证居住和使用安全的房屋。危房以幢为鉴定单位。

1.0.7　鉴定人员应具有专业知识或经过培训上岗。

1.0.8　对于有特殊要求的建筑或保护性建筑的鉴定，除应符合本技术导则规定外，尚应符合国家现行有关标准的规定。

2 术语和符号

2.1 术 语

2.1.1 构件 member

基本鉴定单位。它可以是单件、组合件或一个片段。

2.1.2 主要构件 primary member

其自身失效将导致相关构件失效，并危及承重结构系统工作的构件。

2.1.3 次要构件 secondary member

其自身失效不会导致主要构件失效的构件。

2.1.4 一种构件 kindred member

一个鉴定单位中，同类材料、同种结构型式的全部构件的集合。

2.1.5 相关构件 interrelated member

与被鉴定构件相连接或以被鉴定构件为承托的构件。

2.1.6 场地 site

被鉴定房屋所在地，具有相似的工程地质条件。其范围相当于自然村或不小于一平方公里的平面面积。

2.1.7 混凝土结构 concrete structure

由混凝土构件作为主要承重构件的结构，包括素混凝土结构、钢筋混凝土结构和预应力混凝土结构等。

2.1.8 砌体结构 masonry structure

由块材和砂浆砌筑而成的墙、柱作为建筑物主要受力构件的结构。是砖砌体、砌块结构的统称。

2.1.9 生土结构房屋 immature soil structure

由原生土、生土墙（土坯墙或夯土墙）作为主要承重构件的房屋。

2.1.10 石结构房屋 stone structure

由石砌体作为主要承重构件的房屋。

2.1.11 木结构房屋 timber structure

由木柱作为主要承重构件，生土墙（土坯墙或夯土墙）、砌体墙和石墙作为围护墙的房屋。主要包括穿斗木构架、木柱木屋架、木柱木梁房屋。

2.2 主 要 符 号

2.2.1 房屋危险性鉴定使用符号及其意义，应符合下列规定：

L_0——计算跨度；

h——计算高度；

n——构件数；

n_{dc}——危险柱数；

n_{dw}——危险墙段数；

n_{dmb}——危险主梁数；

n_{dsb}——危险次梁数；

n_{ds}——危险板数；

n_c——柱数；

n_{mb}——主梁数；

n_{sb}——次梁数；

n_w——墙段数；

n_s——板数；

n_d——危险构件数；

n_{rt}——屋架榀数；

n_{drt}——危险屋架构件榀数；

P——危险构件（危险点）百分数；

P_{dfm}——地基基础中危险构件（危险点）百分数；

P_{sdm}——承重结构中危险构件（危险点）百分数；

P_{esdm}——围护结构中危险构件（危险点）百分数；

R——结构构件抗力；

S——结构构件作用效应；

μ——隶属度；

μ_A——房屋 A 级的隶属度；

μ_B——房屋 B 级的隶属度；

μ_C——房屋 C 级的隶属度；

μ_D——房屋 D 级的隶属度；

μ_a——房屋组成部分 a 级的隶属度；

μ_b——房屋组成部分 b 级的隶属度；

μ_c——房屋组成部分 c 级的隶属度；

μ_d——房屋组成部分 d 级的隶属度；

μ_{af}——地基基础 a 级隶属度；

μ_{bf}——地基基础 b 级隶属度；

μ_{cf}——地基基础 c 级隶属度；

μ_{ad}——地基基础 d 级隶属度；

μ_{as}——上部承重结构 a 级的隶属度；

μ_{bs}——上部承重结构 b 级的隶属度；

μ_{cs}——上部承重结构 c 级的隶属度；

μ_{ds}——上部承重结构 d 级的隶属度；

μ_{aes}——围护结构 a 级的隶属度；

μ_{bes}——围护结构 b 级的隶属度；

μ_{ces}——围护结构 c 级的隶属度；

μ_{des}——围护结构 d 级的隶属度；

γ_0——结构构件重要性系数；

ρ——斜率。

2.3 代 号

2.3.1 房屋危险性鉴定使用的代号及其意义，应符合下列规定：

　　a、b、c、d——房屋组成部分危险性鉴定等级；

　A、B、C、D——房屋危险性鉴定等级；

　　　　　F_d——非危险构件；

　　　　　T_d——危险构件。

3 鉴定程序与评定方法

3.1 鉴 定 程 序

3.1.1 房屋危险性鉴定应按图 3.1.1 规定的程序进行。

1 受理委托：根据委托人要求，确定房屋危险性鉴定内容和范围；

2 初始调查：收集调查和分析房屋原始资料，并进行现场查勘；

3 场地危险性鉴定：收集调查和分析房屋所处场地地质情况，进行危险性鉴定；

4 检查检测：对房屋现状进行现场检测，必要时，宜采用仪器量测和进行结构验算；

5 鉴定评级：对调查、查勘、检测、验算的数据资料进行全面分析，综合评定，确定其危险等级，包括定性与定量鉴定；

6 处理建议：对被鉴定的房屋，提出原则性的处理建议；

7 出具报告：报告式样应符合本导则附录的规定。

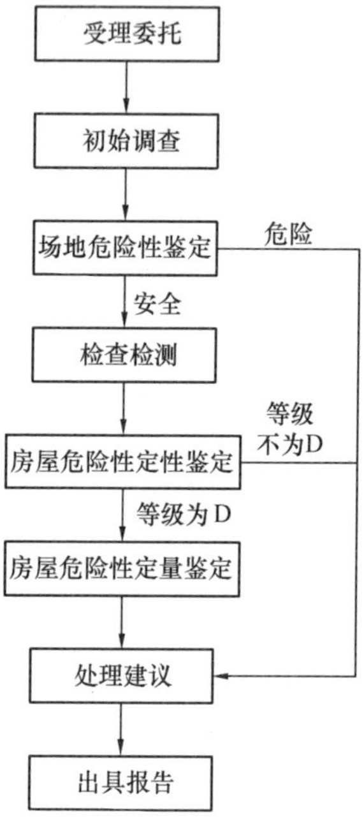

图 3.1.1 房屋危险性鉴定程序

3.2 评 定 方 法

3.2.1 房屋危险性场地鉴定：按房屋所处场地，评定其是否为危险场地。

3.2.2 房屋危险性定性评定：在现场查勘的基础上，根据房屋损害情况进行综合评定，房屋危险性等级可分为 A、B、C、D 四个等级。

3.2.3 房屋危险性定量鉴定：采用综合评定，综合评定应按三层次进行：第一层次应为构件危险性鉴定，其等级评定可为危险构件（T_d）和非危险构件（F_d）两类；第二层次应为房屋组成部分危险性鉴定，其等级可分为 a、b、c、d 四等级；第三层次应为房屋危险性鉴定，其等级可分为 A、B、C、D 四等级。

3.3 等 级 划 分

3.3.1 房屋可分为地基基础、上部承重结构和围护结构三个组成部分。

3.3.2 房屋各组成部分危险性鉴定，应按下列等级划分：

1 a级：无危险点；

2 b级：有危险点；

3 c级：局部危险；

4 d级：整体危险。

3.3.3 房屋危险性鉴定，应按下列等级划分：

1 A级：结构能满足正常使用要求，未发现危险点，房屋结构安全。

2 B级：结构基本满足正常使用要求，个别结构构件处于危险状态，但不影响主体结构安全，基本满足正常使用要求。

3 C级：部分承重结构不能满足正常使用要求，局部出现险情，构成局部危房。

4 D级：承重结构已不能满足正常使用要求，房屋整体出现险情，构成整幢危房。

4 场地危险性鉴定

4.1.1 下列情况应判定房屋场地为危险场地：

1 对建筑物有潜在威胁或直接危害的滑坡、地裂、地陷、泥石流、崩塌以及岩溶、土洞强烈发育地段；

2 暗坡边缘；浅层故河道及暗埋的塘、浜、沟等场地；

3 已经有明显变形下陷趋势的采空区。

5 房屋危险性定性鉴定

5.1 一 般 规 定

5.1.1 定性鉴定现场检查的顺序宜为先房屋外部，后房屋内部。破坏程度严重或濒危的房屋，若其破坏状态显而易见，可不再对房屋内部进行检查。

5.1.2 房屋外部检查的重点宜为：

　1 房屋的结构体系及其高度、宽度和层数；

　2 房屋的倾斜、变形；

　3 地基基础的变形情况；

　4 房屋外观损伤和破坏情况；

　5 房屋附属物的设置情况及其损伤与破坏现状；

　6 房屋局部坍塌情况及其相邻部分已外露的结构、构件损伤情况。

　　根据以上检查结果，应对房屋内部可能有危险的区域和可能出现的安全问题做出鉴定。

5.1.3 房屋内部检查时，应对所有可见的构件进行外观损伤及破坏情况的检查；对承重构件，可剔除其表面装饰层进行核查。对各类结构的检查要点如下：

　1 着重检查承重墙、柱、梁、楼板、屋盖及其连接构造；

　2 检查非承重墙和容易倒塌的附属构件，检查时，应着重区分抹灰层等装饰层的损坏与结构的损坏。

5.1.4 现场检查人员应有可靠的安全防护措施。

5.2 房 屋 评 定 方 法

5.2.1 A 级：

　1 地基基础：地基基础保持稳定，无明显不均匀沉降；

　2 墙体：承重墙体完好，无明显受力裂缝和变形；墙体转角处和纵、横墙交接处无松动、脱闪现象；非承重墙体可有轻微裂缝；

　3 梁、柱：梁、柱完好，无明显受力裂缝和变形，梁、柱节点无破损，无裂缝；

　4 楼、屋盖：楼、屋盖板无明显受力裂缝和变形，板与梁搭接处无松动和裂缝。

5.2.2 B 级

　1 地基基础：地基基础保持稳定，无明显不均匀沉降；

　2 墙体：承重墙体基本完好，无明显受力裂缝和变形；墙体转角处和纵、横墙交接处无松动、脱闪现象；

　3 梁、柱：梁、柱有轻微裂缝；梁、柱节点无破损、无裂缝；

　4 楼、屋盖：楼、屋盖有轻微裂缝，但无明显变形；板与墙、梁搭接处有松动和轻微裂缝；屋架无倾斜，屋架与柱连接处无明显位移；

　5 次要构件：非承重墙体、出屋面楼梯间墙体等有轻微裂缝；抹灰层等饰面层可有裂缝或局部散落；个别构件处于危险状态。

5.2.3 C级

1 地基基础：地基基础尚保持稳定，基础出现少量损坏；

2 墙体：承重的墙体多数轻微裂缝或部分非承重墙墙体明显开裂，部分承重墙体明显位移和歪闪；非承重墙体普遍明显裂缝；部分山墙转角处和纵、横墙交接处有明显松动、脱闪现象；

3 梁、柱：梁、柱出现裂缝，但未达到承载能力极限状态；个别梁柱节点破损和开裂明显；

4 楼、屋盖：楼、屋盖显著开裂；楼、屋盖板与墙、梁搭接处有松动和明显裂缝，个别屋面板塌落。

5.2.4 D级

1 地基基础：地基基本失去稳定，基础出现局部或整体坍塌；

2 墙体：承重墙有明显歪闪、局部酥碎或倒塌；墙角处和纵、横墙交接处普遍松动和开裂；非承重墙、女儿墙局部倒塌或严重开裂；

3 梁、柱：梁、柱节点破坏严重；梁、柱普遍开裂；梁、柱有明显变形和位移；部分柱基座滑移严重，有歪闪和局部倒塌；

4 楼、屋盖：楼、屋盖板普遍开裂，且部分严重开裂；楼、屋盖板与墙、梁搭接处有松动和严重裂缝，部分屋面板塌落；屋架歪闪，部分屋盖塌落。

6 房屋危险性定量鉴定

6.1 一 般 规 定

6.1.1 危险构件是指其损伤、裂缝和变形不能满足正常使用要求的结构构件。

6.1.2 结构构件的危险性鉴定应包括构造与连接、裂缝和变形等内容。

6.1.3 单个构件的划分应符合下列规定：

1 基础

  1）独立柱基：以一根柱的单个基础为一构件；

  2）条形基础：以一个自然间一轴线单面长度为一构件；

2 墙体：以一个计算高度、一个自然间的一面为一构件；

3 柱：以一个计算高度、一根为一构件；

4 梁、檩条、搁栅等：以一个跨度、一根为一构件；

5 板：以一个自然间面积为一构件；预制板以一块为一构件；

6 屋架、桁架等：以一榀为一构件。

6.2 房屋危险性综合评定原则与方法

6.2.1 房屋危险性鉴定应以整幢房屋的地基基础、结构构件危险程度的严重性鉴定为基础，结合历史、环境影响以及发展趋势，全面分析，综合判断。

6.2.2 在地基基础或结构构件危险性判定时，应考虑其危险性是孤立的还是相关的。当构件危险性孤立时，不构成结构系统的危险；否则，应联系结构危险性判定其范围。

6.2.3 全面分析、综合判断时，应考虑下列因素：

1 各构件的破损程度；

2 破损构件在整幢房屋结构中的重要性；

3 破损构件在整幢房屋结构中所占数量和比例；

4 结构整体周围环境的影响；

5 有损结构安全的人为因素和危险状况；

6 结构破损后的可修复性；

7 破损构件带来的经济损失。

6.2.4 根据本导则划分的房屋组成部分，确定构件的总量，并分别确定其危险构件的数量。房屋危险性综合评定方法见附录 A。

6.3 地基基础危险性鉴定

6.3.1 地基基础危险性鉴定应包括地基和基础两部分。

6.3.2 地基基础应重点检查基础与承重构件连接处的斜向阶梯形裂缝、水平裂缝、竖向裂缝状况，基础与上部结构连接处的水平裂缝状况，房屋的倾斜位移状况，地基稳定、特殊土质变形和开裂等状况。

6.3.3 当地基部分有下列现象之一者，应评定为危险状态：

1 地基沉降速度连续 2 个月大于 4mm/月，并且短期内无终止趋向；

2 地基产生不均匀沉降，上部墙体产生裂缝宽度大于 10mm，且房屋局部倾斜率大于 1%；

3 地基不稳定产生滑移，水平位移量大于 10mm，并对上部结构有显著影响，且仍有继续滑动的迹象。

6.3.4 当房屋基础有下列现象之一者，应评定为危险点：

1 基础腐蚀、酥碎、折断，导致结构明显倾斜、位移、裂缝、扭曲等；

2 基础已有滑动，水平位移速度连续 2 个月大于 2mm/月，并在短期内无终止趋向；

3 基础已产生通裂且最大裂缝宽度大于 10mm，上部墙体多处出现裂缝且最大裂缝宽度达 10mm 以上。

6.4 砌体结构构件危险性鉴定

6.4.1 砌体结构构件应重点检查砌体的构造连接部位，纵横墙交接处的斜向或竖向裂缝状况，砌体承重墙体的变形和裂缝状况以及拱脚的裂缝和位移状况。注意量测其裂缝宽度、长度、深度、走向、数量及其分布，并观测其发展趋势。

6.4.2 砌体结构构件有下列现象之一者，应评定为危险点：

1 受压墙、柱沿受力方向产生缝宽大于 2mm、缝长超过层高 1/2 的竖向裂缝，或产生缝长超过层高 1/3 的多条竖向裂缝；

2 受压墙、柱表面风化、剥落，砂浆粉化，有效截面削弱达 1/4 以上；

3 支承梁或屋架端部的墙体或柱截面因局部受压产生多条竖向裂缝，或最大裂缝宽度已超过 1mm；

4 墙、柱因偏心受压产生水平裂缝，最大裂缝宽度大于 0.5mm；

5 墙、柱产生倾斜，其倾斜率大于 0.7%，或相邻墙体连接处断裂成通缝；

6 墙、柱刚度不足，出现挠曲鼓闪，且在挠曲部位出现水平或交叉裂缝；

7 砖过梁中部产生的竖向裂缝宽度达 2mm 以上，或端部产生斜裂缝，最大裂缝宽度达 1mm 以上且缝长裂到窗间墙的 2/3 部位，或支承过梁的墙体产生水平裂缝，或产生明显的弯曲、下沉变形；

8 砖筒拱、扁壳、波形筒拱、拱顶沿母线通裂或沿母线裂缝宽度大于 2mm 或缝长超过总长 1/2，或拱曲面明显变形，或拱脚明显位移，或拱体拉杆锈蚀严重，且拉杆体系失效；

9 砌体墙高厚比：单层大于 24，二层大于 18，且墙体自由长度大于 6m。

6.5 木结构构件危险性鉴定

6.5.1 木结构构件应重点检查腐朽、虫蛀、木材缺陷、构造缺陷、结构构件变形、失稳状况，木屋架端节点受剪面裂缝状况，屋架出现平面变形及屋盖支撑系统稳定状况。

6.5.2 木结构构件有下列现象之一者，应评定为危险点：

1 木柱圆截面直径小于 110mm，木大梁截面尺寸小于 110mm×240mm；

2 连接方式不当，构造有严重缺陷，已导致节点松动、变形、滑移、沿剪切面开裂、剪坏和铁件严重锈蚀、松动致使连接失效等损坏；

3 主梁产生大于 $L_0/120$ 的挠度，或受拉区伴有较严重的材质缺陷；

4 屋架产生大于 $L_0/120$ 的挠度，且顶部或端部节点产生腐朽或劈裂，或出平面倾斜量超过屋架高度的 $h/120$；

5 木柱侧弯变形，其矢高大于 $h/150$，或柱顶劈裂，柱身断裂。柱脚腐朽，其腐朽面积大于原截面面积 1/5 以上；

6 受拉、受弯、偏心受压和轴心受压构件，其斜纹理或斜裂缝的斜率分别大于 7%、10%、15% 和 20%；

7 存在任何心腐缺陷的木质构件；

8 木柱的梢径小于 150mm；在柱的同一高度处纵横向同时开槽，且在柱的同一截面开槽面积超过总截面面积的 1/2；

9 柱子有接头；

10 木桁架高跨比 h/l 大于 1/5；

11 楼屋盖木梁在梁或墙上的支承长度小于 100mm。

6.6 石结构构件危险性鉴定

6.6.1 石结构构件应重点检查石砌墙、柱、梁、板的构造连接部位，纵横墙交接处的斜向或竖向裂缝状况，石砌体承重墙体的变形和裂缝状况以及拱脚的裂缝和位移状况。注意量测其裂缝宽度、长度、深度、走向、数量及其分布，并观测其发展趋势。

6.6.2 石结构构件有下列现象之一者，应评定为危险点：

1 承重墙或门窗间墙出现阶梯形斜向裂缝，且最大裂缝宽度大于 10mm；

2 承重墙整体沿水平灰缝滑移大于 3mm；

3 承重墙、柱产生倾斜，其倾斜率大于 1/200；

4 纵横墙连接处竖向裂缝的最大裂缝宽度大于 2mm；

5 梁端在柱顶搭接处出现错位，错位长度大于柱沿梁支撑方向上的截面高度 h（当柱为圆柱时，h 为柱截面的直径）的 1/25；

6 料石楼板或梁与承重墙体错位后，错位长度大于原搭接长度的 1/25；

7 石楼板净跨超过 4m，或悬挑超过 0.5m；

8 石柱、石梁或石楼板出现断裂；

9 支撑梁或屋架端部的承重墙体个别石块断裂或垫块压碎；

10 墙柱因偏心受压产生水平裂缝，缝宽大于 0.5mm；墙体竖向通缝长度超过 1000mm；

11 墙、柱刚度不足，出现挠曲鼓闪，且在挠曲部位出现水平或交叉裂缝；

12 石砌墙高厚比：单层大于 18，二层大于 15，且墙体自由长度大于 6m；

13 墙体的偏心距达墙厚的 1/6；

14 石结构房屋横墙洞口的水平截面面积，大于全截面面积的 1/3；

15 受压墙、柱表面风化、剥落，砂浆粉化，有效截面削弱达 1/5 以上；

16 其他显著影响结构整体性的裂缝、变形、错位等情况；

17 墙体因缺少拉结石而出现局部坍塌。

6.7 生土结构构件危险性鉴定

6.7.1 生土结构构件应重点检查连接部位、纵横墙交接处的斜向或竖向裂缝状况，生土承重墙体变形和裂缝状况。注意量测其裂缝宽度、长度、深度、走向、数量及其分布，并观测其发展趋势。

6.7.2 生土结构构件有下列现象之一者，应评定为危险点：

　　1 受压墙沿受力方向产生缝宽大于 20mm、缝长超过层高 1/2 的竖向裂缝，或产生缝长超过层高 1/3 的多条竖向裂缝；

　　2 长期受自然环境风化侵蚀与屋面漏雨受潮及干燥的反复作用，受压墙表面风化、剥落，泥浆粉化，有效截面面积削弱达 1/4 以上；

　　3 支承梁或屋架端部的墙体或柱截面因局部受压产生多条竖向裂缝，或最大裂缝宽度已超过 10mm；

　　4 墙因偏心受压产生水平裂缝，缝宽大于 1mm；

　　5 墙产生倾斜，其倾斜率大于 0.5%，或相邻墙体连接处断裂成通缝；

　　6 墙出现挠曲鼓闪；

　　7 生土房屋开间未设横墙；

　　8 单层生土房屋的檐口高度大于 2.5m，开间大于 3.3m；窑洞净跨大于 2.5m；

　　9 生土墙高厚比：大于 12，且墙体自由长度大于 6m。

6.8 混凝土结构构件危险性鉴定

6.8.1 混凝土结构构件应重点检查柱、梁、板及屋架的受力裂缝和主筋锈蚀状况，柱的根部和顶部的水平裂缝，屋架倾斜以及支撑系统稳定等。

6.8.2 混凝土构件有下列现象之一者，应评定为危险点：

　　1 梁、板产生超过 $L_0/150$ 的挠度，且受拉区最大裂缝宽度大于 1mm；

　　2 简支梁、连续梁跨中部受拉区产生竖向裂缝，其一侧向上延伸达梁高的 2/3 以上，且缝宽大于 0.5mm，或在支座附近出现剪切斜裂缝，缝宽大于 0.4mm；

　　3 梁、板受力主筋处产生横向水平裂缝和斜裂缝，缝宽大于 1mm，板产生宽度大于 0.4mm 的受拉裂缝；

　　4 梁、板因主筋锈蚀，产生沿主筋方向的裂缝，缝宽大于 1mm，或构件混凝土严重缺损，或混凝土保护层严重脱落、露筋，钢筋锈蚀后有效截面小于 4/5；

　　5 受压柱产生竖向裂缝，保护层剥落，主筋外露锈蚀；或一侧产生水平裂缝，缝宽大于 1mm，另一侧混凝土被压碎，主筋外露锈蚀；

　　6 柱、墙产生倾斜、位移，其倾斜率超过高度的 1%，其侧向位移量大于 $h/500$；

　　7 柱、墙混凝土酥裂、碳化、起鼓，其破坏面大于全截面的 1/3，且主筋外露，锈蚀严重，截面减小；

　　8 柱、墙侧向变形大于 $h/250$，或大于 30mm；

　　9 屋架产生大于 $L_0/200$ 的挠度，且下弦产生横断裂缝，缝宽大于 1mm；

　　10 屋架支撑系统失效导致倾斜，其倾斜率大于屋架高度的 2%；

　　11 端节点连接松动，且伴有明显的变形裂缝；

12 梁、板有效搁置长度小于规定值的 70%。

6.9 钢结构构件危险性鉴定

6.9.1 钢结构构件应重点检查各连接节点的焊缝、螺栓、铆钉等情况；应注意钢柱与梁的连接形式、支撑杆件、柱脚与基础连接损坏情况，钢屋架杆件弯曲、截面扭曲、节点板弯折状况和钢屋架挠度、侧向倾斜等偏差状况。

6.9.2 钢结构构件有下列现象之一者，应评定为危险点；

    1 构件或连接件有裂缝或锐角切口；焊缝、螺栓或铆接有拉开、变形、滑移、松动、剪坏等严重损坏；

    2 连接方式不当，构造有严重缺陷；

    3 受拉构件因锈蚀，截面减少大于原截面的 10%；

    4 梁、板等构件挠度大于 $L_0/250$，或大于 45mm；

    5 实腹梁侧弯矢高大于 $L_0/600$，且有发展迹象；

    6 钢柱顶位移，平面内大于 $h/150$，平面外大于 $h/500$，或大于 40mm；

    7 屋架产生大于 $L_0/250$ 或大于 40mm 的挠度；屋架支撑系统松动失稳，导致屋架倾斜，倾斜量超过 $h/150$。

附录 A 定量综合评定方法

A.1 地基基础危险构件的百分数应按下式计算:
$$P_{fdm} = n_d/n \times 100\%$$ (A.1)

P_{fdm}——地基基础危险构件的(危险点)百分数;

n_d——危险构件数;

n——构件数。

A.2 承重结构危险构件的百分数应按下式计算:
$$p_{sdm} = [2.4n_{dc} + 2.4n_{dw} + 1.9(n_{dmb} + n_{drt}) + 1.4n_{dsb} + n_{ds}]$$
$$/[2.4n_c + 2.4n_w + 1.9(n_{mb} + n_{rt}) + 1.4n_{sb} + n_s] \times 100\%$$ (A.2)

p_{sdm}——承重结构中危险构件(危险点)百分数;

n_{dc}——危险柱数;

n_{dw}——危险墙段数;

n_{dmb}——危险主梁数;

n_{drt}——危险屋架构件榀数;

n_{dsb}——危险次梁数;

n_{ds}——危险板数;

n_c——柱数;

n_w——墙段数;

n_{mb}——主梁数;

n_{rt}——屋架榀数;

n_s——板数;

n_{sb}——次梁数。

A.3 围护结构危险构件的百分数应按下式计算:
$$P_{esdm} = n_d/n \times 100\%$$ (A.3)

式中 p_{esdm}——围护结构中危险构件(危险点)百分数;

n_d——危险构件数;

n——构件数。

A.4 房屋组成部分 a 级的隶属函数应按下式计算:
$$\mu_a = \begin{cases} 1 & (p=0\%) \\ 0 & (p \neq 0\%) \end{cases}$$ (A.4)

μ_a——房屋组成部分 a 级的隶属度;

p——危险构件(危险点)百分数。

A.5 房屋组成部分 b 级的隶属度函数应按下式计算:
$$\mu_b = \begin{cases} 1 & (0\% < p \leqslant 5\%) \\ (30\% - p)/25\% & (5\% < p < 30\%) \\ 0 & (p \geqslant 30\%) \end{cases}$$ (A.5)

μ_b——房屋组成部分 b 级的隶属度；

p——危险构件（危险点）百分数。

A.6 房屋组成部分 c 级的隶属度函数应按下式计算：

$$\mu_c = \begin{cases} 0 & (p \leqslant 5\%) \\ (p-5\%)/25\% & (5\% < p < 30\%) \\ (100\%-p)/70\% & (30\% \leqslant p \leqslant 100\%) \end{cases} \tag{A.6}$$

μ_c——房屋组成部分 c 级的隶属度；

p——危险构件（危险点）百分数。

A.7 房屋组成部分 d 级的隶属度函数应按下式计算：

$$\mu_d = \begin{cases} 0 & (p \leqslant 30\%) \\ (p-30\%)/70\% & (30\% < p < 100\%) \\ 1 & (p = 100\%) \end{cases} \tag{A.7}$$

μ_d——房屋组成部分 d 级的隶属度；

p——危险构件（危险点）百分数。

A.8 房屋 A 级的隶属函数应按下式计算：

$$\mu_A = \max[\min(0.3, \mu_{af}),\ \min(0.6, \mu_{as}),\ \min(0.1, \mu_{aes})] \tag{A.8}$$

式中　μ_A——房屋 A 级的隶属度；

μ_{af}——地基基础 a 级隶属度；

μ_{as}——上部承重结构 a 级的隶属度；

μ_{aes}——围护结构 a 级的隶属度。

A.9 房屋 B 级的隶属函数应按下式计算：

$$\mu_B = \max[\min(0.3, \mu_{bf}),\ \min(0.6, \mu_{bs}),\ \min(0.1, \mu_{bes})] \tag{A.9}$$

μ_B——房屋 B 级的隶属度；

μ_{bf}——地基基础 b 级隶属度；

μ_{bs}——上部承重结构 b 级的隶属度；

μ_{bes}——围护结构 b 级的隶属度。

A.10 房屋 C 级的隶属函数应按下式计算：

$$\mu_C = \max[\min(0.3, \mu_{cf}),\ \min(0.6, \mu_{cs}),\ \min(0.1, \mu_{ces})] \tag{A.10}$$

μ_C——房屋 C 级的隶属度；

μ_{cf}——地基基础 c 级隶属度；

μ_{cs}——上部承重结构 c 级的隶属度；

μ_{ces}——围护结构 c 级的隶属度。

A.11 房屋 D 级的隶属函数应按下式计算：

$$\mu_D = \max[\min(0.3, \mu_{df}), \min(0.6, \mu_{ds}), \min(0.1, \mu_{des})] \tag{A.11}$$

μ_D——房屋 D 级的隶属度；

μ_{df}——地基基础 d 级隶属度；

μ_{ds}——上部承重结构 d 级的隶属度；

μ_{des}——围护结构 d 级的隶属度。

A.12 当隶属度为下列值时：

1 $\mu_{df} \geqslant 0.75$，则为 D 级（整幢危房）。

2 $\mu_{ds} \geqslant 0.75$，则为 D 级（整幢危房）。

3 $\max(\mu_A, \mu_B, \mu_C, \mu_D) = \mu_A$，则综合判断结果为 A 级（非危房）。

4 $\max(\mu_A, \mu_B, \mu_C, \mu_D) = \mu_B$，则综合判断结果为 B 级（危险点房）。

5 $\max(\mu_A, \mu_B, \mu_C, \mu_D) = \mu_C$，则综合判断结果为 C 级（局部危房）。

6 $\max(\mu_A, \mu_B, \mu_C, \mu_D) = \mu_D$，则综合判断结果为 D 级（整幢危房）。

附录B 农村房屋安全鉴定报告

鉴定编号：

1. 基本资料					
房屋名称			建成时间		
鉴定人员		鉴定机构		时间	
房屋地址					
联系人		电话			
用途	住宅　　　　其他				
规模	总长_____m　　总宽_____m　　总高_____m　　共_____层				
结构形式	混凝土结构　　砌体结构　　木结构　　钢结构　　石结构 生土结构　　其他（　　　　　　　　　　）				

2. 结构组成部分检查结果　　　　　a 完好　　　　　b 轻微　　　　　c 中等　　　　　d 严重
1　场地安全程度　　　　　　　　　　　　　　　　　　　　　（　　　）
2　地基基础　　　　　　　　　　　　　　　　　　　　　　　（　　　）
3　房屋整体倾斜　　　　　　　　　　　　　　　　　　　　　（　　　）
4　上部承重结构　　　　　　　　　　　　　　　　　　　　　（　　　）
5　围护结构　　　　　　　　　　　　　　　　　　　　　　　（　　　）

3. 房屋综合评定				
评定等级	A　　　　　B　　　　　C　　　　　D			
处理建议				

审核：　　　　　　　　　　　　　　　　　　鉴定人员：

附录 C 农村房屋危险性鉴定用表

附录 C.1 砌体结构—木屋架房屋危险性鉴定用表

房屋名称			地址				建造时间	
用途	住宅（　）其他（　　）		规模	总长＿＿m 总宽＿＿m 总高＿＿m 共＿＿层			结构形式	砌体结构

<table>
<tr><td colspan="5" align="center">房屋场地危险性鉴定</td></tr>
<tr><td colspan="3" align="center">危险场地判定方法</td><td colspan="2" align="center">是否为危险场地</td></tr>
<tr><td colspan="3">1　对建筑物有潜在威胁或直接危害的滑坡、地裂、地陷、泥石流、崩塌以及岩溶、土洞强烈发育地段；
2　暗坡边缘；浅层故河道及暗埋的塘、浜、沟等场地；
3　已经有明显变形下陷趋势的采空区。</td><td colspan="2">是（　）

否（　）</td></tr>
</table>

<table>
<tr><td colspan="5" align="center">房屋组成构件危险点判定</td></tr>
<tr><td align="center">构件名称</td><td align="center">构　件　判　定　方　法</td><td align="center">构件总数</td><td align="center">危险构件数</td><td align="center">构件百分数</td></tr>
<tr>
<td align="center">地基</td>
<td>1　地基沉降速度连续 2 个月大于 4mm/月，并且短期内无终止趋向；
2　地基产生不均匀沉降，上部墙体产生裂缝宽度大于 10mm，且房屋局部倾斜率大于 1%；
3　地基不稳定产生滑移，水平位移量大于 10mm，并对上部结构有显著影响，且仍有继续滑动的迹象。</td>
<td align="center">$n=$</td>
<td align="center">$n_d=$</td>
<td rowspan="2">地基基础危险构件百分数
$P_{fdm}=n_d/n\times100\%$
＝</td>
</tr>
<tr>
<td align="center">基础</td>
<td>1　基础腐蚀、酥碎、折断，导致结构明显倾斜、位移、裂缝、扭曲等；
2　基础已有滑动，水平位移速度连续 2 个月大于 2mm/月，并在短期内无终止趋向；
3　基础已产生通裂裂缝大于 10mm，上部墙体多处出现裂缝且最大裂缝宽度达 10mm 以上。</td>
<td align="center">$n=$</td>
<td align="center">$n_d=$</td>
</tr>
<tr>
<td align="center">砌体墙</td>
<td>1　受压墙沿受力方向产生缝宽大于 2mm、缝长超过层高 1/2 的竖向裂缝，或产生缝长超过层高 1/3 的多条竖向裂缝；
2　受压墙表面风化、剥落，砂浆粉化，有效截面削弱达 1/4 以上；
3　支承梁或屋架端部的墙体截面因局部受压产生多条竖向裂缝，或裂缝宽度已超过 1mm；
4　墙因偏心受压产生水平裂缝，缝宽大于 0.5mm；
5　墙产生倾斜，其倾斜率大于 0.7%，或相邻墙体连接处断裂成通缝；
6　墙刚度不足，出现挠曲鼓闪，且在挠曲部位出现水平或交叉裂缝；
7　砌体墙高厚比：单层大于 24，二层大于 18，且墙体自由长度大于 6m。</td>
<td align="center">$n_w=$</td>
<td align="center">$n_{dw}=$</td>
<td>承重结构危险构件百分数
$P_{sdm}=(2.4n_{dc}+2.4n_{dw}+1.9n_{drt})/(2.4n_c+2.4n_w+1.9n_{rt})\times100\%=$</td>
</tr>
</table>

构件名称	构 件 判 定 方 法	构件总数	危险构件数	构件百分数
木屋架	1 木大梁截面尺寸小于 110mm×240mm； 2 连接方式不当，构造有严重缺陷，已导致节点松动、变形、滑移、沿剪切面开裂、剪坏和铁件严重锈蚀、松动致使连接失效等损坏； 3 主梁产生大于 $L_0/120$ 的挠度，或受拉区伴有较严重的材质缺陷； 4 屋架产生大于 $L_0/120$ 的挠度，且顶部或端部节点产生腐朽或劈裂，或出平面倾斜量超过屋架高度的 $h/120$； 5 受拉、受弯、偏心受压和轴心受压构件，其斜纹理或斜裂缝的斜率分别大于 7%、10%、15%和 20%； 6 存在任何心腐缺陷的木质构件； 7 木桁架高跨比 h/l 大于 1/5； 8 楼屋盖木梁在梁或墙上的支承长度小于 100mm。	$n_{rt} =$	$n_{drt} =$	承重结构危险构件百分数 $P_{sdm} = (2.4 n_{dc} + 2.4 n_{dw} + 1.9 n_{drt}) / (2.4 n_c + 2.4 n_w + 1.9 n_{rt}) \times 100\% =$

房屋组成部分评定				
房屋组成部分隶属函数	$\mu_a = \begin{cases} 1 & (p=0\%) \\ 0 & (p \neq 0\%) \end{cases}$ $\mu_b = \begin{cases} 1 & (0\% < p \leq 5\%) \\ (30\%-p)/25\% & (5\% < p < 30\%) \\ 0 & (p \geq 30\%) \end{cases}$ $\mu_c = \begin{cases} 0 & (p \leq 5\%) \\ (p-5\%)/25\% & (5\% < p < 30\%) \\ (100\%-p)/70\% & (30\% \leq p \leq 100\%) \end{cases}$ $\mu_d = \begin{cases} 0 & (p \leq 30\%) \\ (p-30\%)/70\% & (30\% < p < 100\%) \\ 1 & (p=100\%) \end{cases}$	房屋组成部分等级	地基基础	上部结构

房屋组成部分等级	地基基础	上部结构	围护结构
a	$\mu_{af} =$	$\mu_{as} =$	$\mu_{aes} =$
b	$\mu_{bf} =$	$\mu_{bs} =$	$\mu_{bes} =$
c	$\mu_{cf} =$	$\mu_{cs} =$	$\mu_{ces} =$
d	$\mu_{df} =$	$\mu_{ds} =$	$\mu_{des} =$

房屋综合评定		
房屋隶属函数	A $\mu_A = \max[\min(0.3, \mu_{af}), \min(0.6, \mu_{as}), \min(0.1, \mu_{aes})] =$ B $\mu_B = \max[\min(0.3, \mu_{bf}), \min(0.6, \mu_{bs}), \min(0.1, \mu_{bes})] =$ C $\mu_C = \max[\min(0.3, \mu_{cf}), \min(0.6, \mu_{cs}), \min(0.1, \mu_{ces})] =$ D $\mu_D = \max[\min(0.3, \mu_{df}), \min(0.6, \mu_{ds}), \min(0.1, \mu_{des})] =$	评定等级为：A（ ） B（ ） C（ ） D（ ）

评 定 方 法

1 $\mu_{df} \geq 0.75$，为 D 级（整幢危房）。

2 $\mu_{ds} \geq 0.75$，为 D 级（整幢危房）。

3 $\max(\mu_A, \mu_B, \mu_C, \mu_D) = \mu_A$，综合判断结果为 A 级（非危房）。

4 $\max(\mu_A, \mu_B, \mu_C, \mu_D) = \mu_B$，综合判断结果为 B 级（危险点房）

5 $\max(\mu_A, \mu_B, \mu_C, \mu_D) = \mu_C$，综合判断结果为 C 级（局部危房）。

6 $\max(\mu_A, \mu_B, \mu_C, \mu_D) = \mu_D$，综合判断结果为 D 级（整幢危房）。

附录 C.2 木结构房屋危险性鉴定用表

房屋名称		地址					建造时间	
用途	住宅（ ）其他（ ）	规模	总长＿＿m 总宽＿＿m 总高＿＿m 共＿＿层				结构形式	木结构

房屋场地危险性鉴定	
危险场地判定方法	是否为危险场地
1 对建筑物有潜在威胁或直接危害的滑坡、地裂、地陷、泥石流、崩塌以及岩溶、土洞强烈发育地段； 2 暗坡边缘；浅层故河道及暗埋的塘、浜、沟等场地； 3 已经有明显变形下陷趋势的采空区。	是（ ） 否（ ）

房屋组成构件危险点判定				
构件名称	构件判定方法	构件总数	危险构件数	构件百分数
地基	1 地基沉降速度连续2个月大于4mm/月，并且短期内无终止趋向； 2 地基产生不均匀沉降，上部墙体产生裂缝宽度大于10mm，且房屋局部倾斜率大于1％； 3 地基不稳定产生滑移，水平位移量大于10mm，并对上部结构有显著影响，且仍有继续滑动的迹象。	$n=$	$n_d=$	地基基础危险构件百分数 $P_{fdm} = n_d/n \times 100\% =$
基础	1 基础腐蚀、酥碎、折断，导致结构明显倾斜、位移、裂缝、扭曲等； 2 基础已有滑动，水平位移速度连续2个月大于2mm/月，并在短期内无终止趋向； 3 基础已产生通裂裂缝大于10mm，上部墙体多处出现裂缝且最大裂缝宽度达10mm以上。	$n_c=$	$n_{dc}=$	
木柱	1 木柱圆截面尺寸小于110mm； 2 连接方式不当，构造有严重缺陷，已导致节点松动、变形、滑移、沿剪切面开裂、剪坏和铁件严重锈蚀、松动致使连接失效等损坏； 3 木柱侧弯变形，其矢高大于$h/150$，或柱顶劈裂，柱身断裂。柱脚腐朽，腐朽面积大于原截面积1/5； 4 受拉、受弯、偏心受压和轴心受压构件，其斜纹理或斜裂缝的斜率分别大于7％、10％、15％和20％； 5 存在任何心腐缺陷的木质构件； 6 木柱的梢径小于150mm；在柱的同一高度处纵横向同时开槽，且在柱的同一截面开槽面积超过截面总面积的1/2； 7 柱子有接头。	$n_{rt}=$	$n_{drt}=$	承重结构危险构件百分数 $P_{sdm} = (2.4n_{dc} + 2.4n_{dw} + 1.9n_{drt})/ (2.4n_c + 2.4n_w + 1.9n_{rt}) \times 100\% =$

构件名称	构 件 判 定 方 法	构件总数	危险构件数	构件百分数
木屋架	1 木大梁截面尺寸小于 110mm×240mm； 2 连接方式不当，构造有严重缺陷，已导致节点松动、变形、滑移、沿剪切面开裂、剪坏和铁件严重锈蚀、松动致使连接失效等损坏； 3 主梁产生大于 $L_0/120$ 的挠度，或受拉区伴有较严重的材质缺陷； 4 屋架产生大于 $L_0/120$ 的挠度，且顶部或端部节点产生腐朽或劈裂，或出平面倾斜量超过屋架高度的 $h/120$； 5 受拉、受弯、偏心受压和轴心受压构件，其斜纹理或斜裂缝的斜率分别大于 7%、10%、15% 和 20%； 6 存在任何心腐缺陷的木质构件； 7 木桁架高跨比 h/l 大于 1/5； 8 楼屋盖木梁在梁或墙上的支承长度小于 100mm。	$n_{rt}=$	$n_{drt}=$	承重结构危险构件百分数 $P_{sdm}=(2.4n_{dc}+2.4n_{dw}+1.9n_{drt})/(2.4n_c+2.4n_w+1.9n_{rt})\times100\%=$
生土墙	1 长期受自然环境风化侵蚀与屋面漏雨受潮又干燥的反复作用，受压墙表面风化、剥落，泥浆粉化，有效截面面积削弱达 1/4 以上； 2 墙产生倾斜，其倾斜率大于 0.5%，或相邻墙体连接处断裂成通缝； 3 墙出现挠曲鼓闪； 4 生土墙高厚比：大于 12，且墙体自由长度大于 6m。	$n_w=$	$n_{dw}=$	围护结构危险构件百分数 $P_{esdm}=n_{dw}/n_w\times100\%=$

房屋组成部分评定

房屋组成部分隶属函数	$\mu_a=\begin{cases}1 & (p=0\%)\\0 & (p\neq0\%)\end{cases}$ $\mu_b=\begin{cases}1 & (0\%<p\leqslant5\%)\\(30\%-p)/25\% & (5\%<p<30\%)\\0 & (p\geqslant30\%)\end{cases}$ $\mu_c=\begin{cases}0 & (p\leqslant5\%)\\(p-5\%)/25\% & (5\%<p<30\%)\\(100\%-p)/70\% & (30\%\leqslant p\leqslant100\%)\end{cases}$ $\mu_d=\begin{cases}0 & (p\leqslant30\%)\\(p-30\%)/70\% & (30\%<p<100\%)\\1 & (p=100\%)\end{cases}$	房屋组成部分等级	地基基础	上部结构	围护结构
		a	$\mu_{af}=$	$\mu_{as}=$	$\mu_{aes}=$
		b	$\mu_{bf}=$	$\mu_{bs}=$	$\mu_{bes}=$
		c	$\mu_{cf}=$	$\mu_{cs}=$	$\mu_{ces}=$
		d	$\mu_{df}=$	$\mu_{ds}=$	$\mu_{des}=$

房屋综合评定

房屋隶属函数	A	$\mu_A=\max[\min(0.3,\mu_{af}),\min(0.6,\mu_{as}),\min(0.1,\mu_{aes})]=$	评定等级为：A（ ） B（ ） C（ ） D（ ）
	B	$\mu_B=\max[\min(0.3,\mu_{bf}),\min(0.6,\mu_{bs}),\min(0.1,\mu_{bes})]=$	
	C	$\mu_C=\max[\min(0.3,\mu_{cf}),\min(0.6,\mu_{cs}),\min(0.1,\mu_{ces})]=$	
	D	$\mu_D=\max[\min(0.3,\mu_{df}),\min(0.6,\mu_{ds}),\min(0.1,\mu_{des})]=$	

评 定 方 法

1 $\mu_{df}\geqslant0.75$，为 D 级（整幢危房）。
2 $\mu_{ds}\geqslant0.75$，为 D 级（整幢危房）。
3 $\max(\mu_A,\mu_B,\mu_C,\mu_D)=\mu_A$，综合判断结果为 A 级（非危房）。
4 $\max(\mu_A,\mu_B,\mu_C,\mu_D)=\mu_B$，综合判断结果为 B 级（危险点房）
5 $\max(\mu_A,\mu_B,\mu_C,\mu_D)=\mu_C$，综合判断结果为 C 级（局部危房）。
6 $\max(\mu_A,\mu_B,\mu_C,\mu_D)=\mu_D$，综合判断结果为 D 级（整幢危房）。

附录 C.3 石结构—木屋架房屋危险性鉴定用表

房屋名称		地址			建造时间	
用途	住宅（ ） 其他（ ）	规模	总长＿＿m 总宽＿＿m 总高＿＿m 共＿＿层		结构形式	石结构

房屋场地危险性鉴定	
危险场地判定方法	是否为危险场地
1 对建筑物有潜在威胁或直接危害的滑坡、地裂、地陷、泥石流、崩塌以及岩溶、土洞强烈发育地段； 2 暗坡边缘；浅层故河道及暗埋的塘、浜、沟等场地； 3 已经有明显变形下陷趋势的采空区。	是（ ） 否（ ）

房屋组成构件危险点判定				
构件名称	构件判定方法	构件总数	危险构件数	构件百分数
地基	1 地基沉降速度连续 2 个月大于 4mm/月，并且短期内无终止趋向； 2 地基产生不均匀沉降，上部墙体产生裂缝宽度大于 10mm，且房屋局部倾斜率大于 1%； 3 地基不稳定产生滑移，水平位移量大于 10mm，并对上部结构有显著影响，且仍有继续滑动的迹象。	$n=$	$n_\mathrm{d}=$	地基基础危险构件百分数 $P_\mathrm{fdm}=n_\mathrm{d}/n\times100\%$ $=$
基础	1 基础腐蚀、酥碎、折断，导致结构明显倾斜、位移、裂缝、扭曲等； 2 基础已有滑动，水平位移速度连续 2 个月大于 2mm/月，并在短期内无终止趋向； 3 基础已产生通裂裂缝大于 10mm，上部墙体多处出现裂缝且最大裂缝宽度达 10mm 以上。	$n=$	$n_\mathrm{d}=$	
石结构墙	1 承重墙或门窗间墙出现阶梯形斜向裂缝，且最大裂缝宽度大于 10mm； 2 承重墙整体沿某水平灰缝滑移大于 3mm； 3 承重墙、柱产生倾斜，其倾斜率大于 1/200； 4 纵横墙连接处竖向裂缝最大宽度大于 2mm； 5 料石楼板或梁与承重墙体错位后，错位长度大于原搭接长度的 1/25； 6 支撑梁或屋架端部的承重墙体个别石块断裂或垫块压碎。 7 墙因偏心受压产生水平裂缝，缝宽大于 0.5mm；墙体竖向通缝长度超过 1000mm； 8 墙刚度不足，出现挠曲鼓闪，且在挠曲部位出现水平或交叉裂缝； 9 石砌墙高厚比：单层大于 18，二层大于 15，且墙体自由长度大于 6m； 10 墙体的偏心距达墙厚的 1/6； 11 石结构房屋横墙洞口的水平截面面积，大于全截面面积的 1/3； 12 受压墙表面风化、剥落，砂浆粉化，有效截面削弱达 1/5 以上； 13 其他显著影响结构整体性的裂缝、变形、错位等情况； 14 墙体因缺少拉结石而出现局部坍塌。	$n_\mathrm{w}=$	$n_\mathrm{dw}=$	承重结构危险构件百分数 $P_\mathrm{sdm}=$（2.4n_dc+2.4n_dw+1.9n_drt)/(2.4n_c+2.4n_w+1.9n_rt)×100%=

构件名称	构件判定方法	构件总数	危险构件数	构件百分数
木屋架	1 木大梁截面尺寸小于 110mm×240mm； 2 连接方式不当，构造有严重缺陷，已导致节点松动、变形、滑移、沿剪切面开裂、剪坏和铁件严重锈蚀、松动致使连接失效等损坏； 3 主梁产生大于 $L_0/120$ 的挠度，或受拉区伴有较严重的材质缺陷； 4 屋架产生大于 $L_0/120$ 的挠度，且顶部或端部节点产生腐朽或劈裂，或出平面倾斜量超过屋架高度的 $h/120$； 5 受拉、受弯、偏心受压和轴心受压构件，其斜纹埋或斜裂缝的斜率分别大于 7%、10%、15% 和 20%； 6 存在任何心腐缺陷的木质构件； 7 木桁架高跨比 h/l 大于 1/5； 8 楼屋盖木梁在梁或墙上的支承长度小于 100mm。	$n_{rt}=$	$n_{drt}=$	承重结构危险构件百分数 $P_{sdm}=(2.4n_{dc}+2.4n_{dw}+1.9n_{drt})/(2.4n_c+2.4n_w+1.9n_{rt})\times100\%=$

房屋组成部分评定					

房屋组成部分隶属函数	$\mu_a=\begin{cases}1 & (p=0\%)\\ 0 & (p\neq0\%)\end{cases}$ $\mu_b=\begin{cases}1 & (0\%<p\leq5\%)\\ (30\%-p)/25\% & (5\%<p<30\%)\\ 0 & (p\geq30\%)\end{cases}$ $\mu_c=\begin{cases}0 & (p\leq5\%)\\ (p-5\%)/25\% & (5\%<p<30\%)\\ (100\%-p)/70\% & (30\%\leq p\leq100\%)\end{cases}$ $\mu_d=\begin{cases}0 & (p\leq30\%)\\ (p-30\%)/70\% & (30\%<p<100\%)\\ 1 & (p=100\%)\end{cases}$	房屋组成部分等级	地基基础	上部结构	围护结构
		a	$\mu_{af}=$	$\mu_{as}=$	$\mu_{aes}=$
		b	$\mu_{bf}=$	$\mu_{bs}=$	$\mu_{bes}=$
		c	$\mu_{cf}=$	$\mu_{cs}=$	$\mu_{ces}=$
		d	$\mu_{df}=$	$\mu_{ds}=$	$\mu_{des}=$

房屋综合评定		
房屋隶属函数	A $\mu_A=\max[\min(0.3,\mu_{af}),\min(0.6,\mu_{as}),\min(0.1,\mu_{aes})]=$ B $\mu_B=\max[\min(0.3,\mu_{bf}),\min(0.6,\mu_{bs}),\min(0.1,\mu_{bes})]=$ C $\mu_C=\max[\min(0.3,\mu_{cf}),\min(0.6,\mu_{cs}),\min(0.1,\mu_{ces})]=$ D $\mu_D=\max[\min(0.3,\mu_{df}),\min(0.6,\mu_{ds}),\min(0.1,\mu_{des})]=$	评定等级为： A（ ） B（ ） C（ ） D（ ）

评 定 方 法
1 $\mu_{df}\geq0.75$，为 D 级（整幢危房）。 2 $\mu_{ds}\geq0.75$，为 D 级（整幢危房）。 3 $\max(\mu_A,\mu_B,\mu_C,\mu_D)=\mu_A$，综合判断结果为 A 级（非危房）。 4 $\max(\mu_A,\mu_B,\mu_C,\mu_D)=\mu_B$，综合判断结果为 B 级（危险点房） 5 $\max(\mu_A,\mu_B,\mu_C,\mu_D)=\mu_C$，综合判断结果为 C 级（局部危房） 6 $\max(\mu_A,\mu_B,\mu_C,\mu_D)=\mu_D$，综合判断结果为 D 级（整幢危房）。

附录 C.4 生土结构—木屋架房屋危险性鉴定用表

房屋名称		地址		建造时间	
用途	住宅（ ）其他（ ）	规模	总长＿＿m 总宽＿＿m 总高＿＿m 共＿＿层	结构形式	生土结构

房屋场地危险性鉴定		
危险场地判定方法		**是否为危险场地**
1 对建筑物有潜在威胁或直接危害的滑坡、地裂、地陷、泥石流、崩塌以及岩溶、土洞强烈发育地段； 2 暗坡边缘；浅层故河道及暗埋的塘、浜、沟等场地； 3 已经有明显变形下陷趋势的采空区。		是（ ） 否（ ）

房屋组成构件危险点判定				
构件名称	构件判定方法	构件总数	危险构件数	构件百分数
地基	1 地基沉降速度连续 2 个月大于 4mm/月，并且短期内无终止趋向； 2 地基产生不均匀沉降，上部墙体产生裂缝宽度大于 10mm，且房屋局部倾斜率大于 1%； 3 地基不稳定产生滑移，水平位移量大于 10mm，并对上部结构有显著影响，且仍有继续滑动的迹象。	$n=$	$n_d=$	地基基础危险构件百分数 $P_{fdm}=n_d/n\times100\%$ $=$
基础	1 基础腐蚀、酥碎、折断，导致结构明显倾斜、位移、裂缝、扭曲等； 2 基础已有滑动，水平位移速度连续 2 个月大于 2mm/月，并在短期内无终止趋向； 3 基础已产生通裂裂缝大于 10mm，上部墙体多处出现裂缝且最大裂缝宽度达 10mm 以上。			
生土墙	1 受压墙沿受力方向产生缝宽大于 20mm、缝长超过层高 1/2 的竖向裂缝，或产生缝长超过层高 1/3 的多条竖向裂缝； 2 长期受自然环境风化侵蚀与屋面漏雨受潮又干燥的反复作用，受压墙表面风化、剥落，泥浆粉化，有效截面面积削弱达 1/4 以上； 3 支承梁或屋架端部的墙体或柱截面因局部受压产生多条竖向裂缝，或裂缝宽度已超过 10mm； 4 墙因偏心受压产生水平裂缝，缝宽大于 1mm； 5 墙产生倾斜，其倾斜率大于 0.5%，或相邻墙体连接处断裂成通缝； 6 墙出现挠曲鼓闪； 7 生土房屋开间均应设横墙，采用土搁梁结构，同一房屋不得采用不同材料的承重墙体； 8 单层生土房屋的檐口高度大于 2.5m，开间大于 3.3m；窑洞净跨大于 2.5m； 9 生土墙高厚比：大于 12，且墙体自由长度大于 6m。	$n_w=$	$n_{dw}=$	承重结构危险构件百分数 $P_{sdm}=(2.4n_{dc}+2.4n_{dw}+1.9n_{drt})/(2.4n_c+2.4n_w+1.9n_{rt})\times100\%=$

构件名称	构件判定方法	构件总数	危险构件数	构件百分数
木屋架	1 木大梁截面尺寸小于110mm×240mm; 2 连接方式不当,构造有严重缺陷,已导致节点松动、变形、滑移、沿剪切面开裂、剪坏和铁件严重锈蚀、松动致使连接失效等损坏; 3 主梁产生大于$L_0/120$的挠度,或受拉区伴有较严重的材质缺陷; 4 屋架产生大于$L_0/120$的挠度,且顶部或端部节点产生腐朽或劈裂,或出平面倾斜量超过屋架高度的$h/120$; 5 受拉、受弯、偏心受压和轴心受压构件,其斜纹埋或斜裂缝的斜率分别大于7%、10%、15%和20%; 6 存在任何心腐缺陷的木质构件; 7 木桁架高跨比h/l大于1/5; 8 楼屋盖木梁在梁或墙上的支承长度小于100mm。	$n_{rt}=$	$n_{drt}=$	承重结构危险构件百分数 $P_{sdm}=(2.4n_{dc}+2.4n_{dw}+1.9n_{drt})/(2.4n_c+2.4n_w+1.9n_{rt})\times100\%=$

房屋组成部分评定

		房屋组成部分等级	地基基础	上部结构	围护结构
房屋组成部分隶属函数	$\mu_a=\begin{cases}1 & (p=0\%)\\0 & (p\neq0\%)\end{cases}$ $\mu_b=\begin{cases}1 & (0\%<p\leq5\%)\\(30\%-p)/25\% & (5\%<p<30\%)\\0 & (p\geq30\%)\end{cases}$ $\mu_c=\begin{cases}0 & (p\leq5\%)\\(p-5\%)/25\% & (5\%<p<30\%)\\(100\%-p)/70\% & (30\%\leq p\leq100\%)\end{cases}$ $\mu_d=\begin{cases}0 & (p\leq30\%)\\(p-30\%)/70\% & (30\%<p<100\%)\\1 & (p=100\%)\end{cases}$	a	$\mu_{af}=$	$\mu_{as}=$	$\mu_{aes}=$
		b	$\mu_{bf}=$	$\mu_{bs}=$	$\mu_{bes}=$
		c	$\mu_{cf}=$	$\mu_{cs}=$	$\mu_{ces}=$
		d	$\mu_{df}=$	$\mu_{ds}=$	$\mu_{des}=$

房屋综合评定

房屋隶属函数			
A	$\mu_A=\max[\min(0.3,\mu_{af}),\min(0.6,\mu_{as}),\min(0.1,\mu_{aes})]=$		评定等级为: A ( )
B	$\mu_B=\max[\min(0.3,\mu_{bf}),\min(0.6,\mu_{bs}),\min(0.1,\mu_{bes})]=$		B ( )
C	$\mu_C=\max[\min(0.3,\mu_{cf}),\min(0.6,\mu_{cs}),\min(0.1,\mu_{ces})]=$		C ( )
D	$\mu_D=\max[\min(0.3,\mu_{df}),\min(0.6,\mu_{ds}),\min(0.1,\mu_{des})]=$		D ( )

评 定 方 法

1 $\mu_{df}\geq0.75$,为D级(整幢危房)。

2 $\mu_{ds}\geq0.75$,为D级(整幢危房)。

3 $\max(\mu_A,\mu_B,\mu_C,\mu_D)=\mu_A$,综合判断结果为A级(非危房)。

4 $\max(\mu_A,\mu_B,\mu_C,\mu_D)=\mu_B$,综合判断结果为B级(危险点房)

5 $\max(\mu_A,\mu_B,\mu_C,\mu_D)=\mu_C$,综合判断结果为C级(局部危房)。

6 $\max(\mu_A,\mu_B,\mu_C,\mu_D)=\mu_D$,综合判断结果为D级(整幢危房)。

附录 C.5　砌体结构—混凝土板房屋危险性鉴定用表

房屋名称		地址			建造时间	
用途	住宅（　）其他（　　）	规模	总长___ m 总宽___ m 总高___ m 共___层		结构形式	石结构

房屋场地危险性鉴定	
危险场地判定方法	是否为危险场地
1　对建筑物有潜在威胁或直接危害的滑坡、地裂、地陷、泥石流、崩塌以及岩溶、土洞强烈发育地段； 2　暗坡边缘；浅层故河道及暗埋的塘、浜、沟等场地； 3　已经有明显变形下陷趋势的采空区。	是（　） 否（　）

房屋组成构件危险点判定				
构件名称	构件判定方法	构件总数	危险构件数	构件百分数
地基	1　地基沉降速度连续 2 个月大于 4mm/月，并且短期内无终止趋向； 2　地基产生不均匀沉降，上部墙体产生裂缝宽度大于 10mm，且房屋局部倾斜率大于 1%； 3　地基不稳定产生滑移，水平位移量大于 10mm，并对上部结构有显著影响，且仍有继续滑动的迹象。	$n=$	$n_d=$	地基基础危险构件百分数 $P_{fdm}=n_d/n\times100\%$ $=$
基础	1　基础腐蚀、酥碎、折断，导致结构明显倾斜、位移、裂缝、扭曲等； 2　基础已有滑动，水平位移速度连续 2 个月大于 2mm/月，并在短期内无终止趋向； 3　基础已产生通裂裂缝大于 10mm，上部墙体多处出现裂缝且最大裂缝宽度达 10mm 以上。	$n=$	$n_d=$	
砌体墙	1　受压墙沿受力方向产生缝宽大于 2mm、缝长超过层高 1/2 的竖向裂缝，或产生缝长超过层高 1/3 的多条竖向裂缝； 2　受压墙表面风化、剥落，砂浆粉化，有效截面削弱达 1/4 以上； 3　支承梁或屋架端部的墙体截面因局部受压产生多条竖向裂缝，或裂缝宽度已超过 1mm； 4　墙因偏心受压产生水平裂缝，缝宽大于 0.5mm； 5　墙产生倾斜，其倾斜率大于 0.7%，或相邻墙体连接处断裂成通缝； 6　墙刚度不足，出现挠曲鼓闪，且在挠曲部位出现水平或交叉裂缝； 7　砌体墙高厚比：单层大于 24，二层大于 18，且墙体自由长度大于 6m。	$n_w=$	$n_{dw}=$	承重结构危险构件百分数 $P_{sdm}=（2.4n_{dc}+2.4n_{dw}+n_{ds}）/（2.4n_c+2.4n_w+n_s）\times100\%$ $=$

构件名称	构件判定方法	构件总数	危险构件数	构件百分数
混凝土板	1 板产生超过 $L_0/150$ 的挠度，且受拉区的裂缝宽度大于 1mm； 2 板受力主筋处产生横向水平裂缝和斜裂缝，缝宽大于 1mm，板产生宽度大于 0.4mm 的受拉裂缝； 3 板因主筋锈蚀，产生沿主筋方向的裂缝，缝宽大于 1mm，或构件混凝土严重缺损，或混凝土保护层严重脱落、露筋，钢筋锈蚀后有效截面小于 4/5； 4 板有效搁置长度小于规定值的 70%。	$n_s=$	$n_{ds}=$	承重结构危险构件百分数 $P_{sdm}=(2.4n_{dc}+2.4n_{dw}+n_{ds})/(2.4n_c+2.4n_w+n_s)\times100\%$ $=$

	房屋组成部分评定					

		房屋组成部分等级	地基基础	上部结构	围护结构
房屋组成部分隶属函数	$\mu_a=\begin{cases}1 & (p=0\%)\\0 & (p\neq0\%)\end{cases}$ $\mu_b=\begin{cases}1 & (0\%<p\leq5\%)\\(30\%-p)/25\% & (5\%<p<30\%)\\0 & (p\geq30\%)\end{cases}$ $\mu_c=\begin{cases}0 & (p\leq5\%)\\(p-5\%)/25\% & (5\%<p<30\%)\\(100\%-p)/70\% & (30\%\leq p\leq100\%)\end{cases}$ $\mu_d=\begin{cases}0 & (p\leq30\%)\\(p-30\%)/70\% & (30\%<p<100\%)\\1 & (p=100\%)\end{cases}$	a	$\mu_{af}=$	$\mu_{as}=$	$\mu_{aes}=$
		b	$\mu_{bf}=$	$\mu_{bs}=$	$\mu_{bes}=$
		c	$\mu_{cf}=$	$\mu_{cs}=$	$\mu_{ces}=$
		d	$\mu_{df}=$	$\mu_{ds}=$	$\mu_{des}=$

	房屋综合评定		
房屋隶属函数	A	$\mu_A=\max[\min(0.3,\mu_{af}),\min(0.6,\mu_{as}),\min(0.1,\mu_{aes})]=$	评定等级为： A （ ）
	B	$\mu_B=\max[\min(0.3,\mu_{bf}),\min(0.6,\mu_{bs}),\min(0.1,\mu_{bes})]=$	B （ ）
	C	$\mu_C=\max[\min(0.3,\mu_{cf}),\min(0.6,\mu_{cs}),\min(0.1,\mu_{ces})]=$	C （ ）
	D	$\mu_D=\max[\min(0.3,\mu_{df}),\min(0.6,\mu_{ds}),\min(0.1,\mu_{des})]=$	D （ ）

评 定 方 法
1 $\mu_{df}\geq0.75$，为 D 级（整幢危房）。
2 $\mu_{ds}\geq0.75$，为 D 级（整幢危房）。
3 $\max(\mu_A,\mu_B,\mu_C,\mu_D)=\mu_A$，综合判断结果为 A 级（非危房）。
4 $\max(\mu_A,\mu_B,\mu_C,\mu_D)=\mu_B$，综合判断结果为 B 级（危险点房）
5 $\max(\mu_A,\mu_B,\mu_C,\mu_D)=\mu_C$，综合判断结果为 C 级（局部危房）。
6 $\max(\mu_A,\mu_B,\mu_C,\mu_D)=\mu_D$，综合判断结果为 D 级（整幢危房）。

附录C.6 石结构—混凝土板房屋危险性鉴定用表

房屋名称		地址			建造时间	
用途	住宅（ ）其他（ ）	规模	总长＿＿m 总宽＿＿m 总高＿＿m 共＿＿层		结构形式	石结构

房屋场地危险性鉴定		
危险场地判定方法		**是否为危险场地**
1 对建筑物有潜在威胁或直接危害的滑坡、地裂、地陷、泥石流、崩塌以及岩溶、土洞强烈发育地段； 2 暗坡边缘；浅层故河道及暗埋的塘、浜、沟等场地； 3 已经有明显变形下陷趋势的采空区。		是（ ） 否（ ）

房屋组成构件危险点判定				
构件名称	构件判定方法	构件总数	危险构件数	构件百分数
地基	1 地基沉降速度连续2个月大于4mm/月，并且短期内无终止趋向； 2 地基产生不均匀沉降，上部墙体产生裂缝宽度大于10mm，且房屋局部倾斜率大于1%； 3 地基不稳定产生滑移，水平位移量大于10mm，并对上部结构有显著影响，且仍有继续滑动的迹象。	$n=$	$n_d=$	地基基础危险构件百分数 $P_{fdm}=n_d/n\times100\%$ $=$
基础	1 基础腐蚀、酥碎、折断，导致结构明显倾斜、位移、裂缝、扭曲等； 2 基础已有滑动，水平位移速度连续2个月大于2mm/月，并在短期内无终止趋向； 3 基础已产生通裂裂缝大于10mm，上部墙体多处出现裂缝且最大裂缝宽度达10mm以上。	$n=$	$n_d=$	
石结构墙	1 承重墙民或门窗间墙出现阶梯形斜向裂缝，且最大裂缝宽度大于10mm； 2 承重墙整体沿某水平灰缝滑移大于3mm； 3 承重墙、柱产生倾斜，其倾斜率大于1/200； 4 纵横墙连接处竖向裂缝最大宽度大于2mm； 5 料石楼板或梁与承重墙体错位后，错位长度大于原搭接长度的1/25； 6 支撑梁或屋架端部的承重墙体个别石块断裂或垫块压碎。 7 墙因偏心受压产生水平裂缝，缝宽大于0.5mm；墙体竖向通缝长度超过1000mm； 8 墙刚度不足，出现挠曲鼓闪，且在挠曲部位出现水平或交叉裂缝； 9 石砌墙高厚比：单层大于18，二层大于15，且墙体自由长度大于6m； 10 墙体的偏心距达墙厚的1/6； 11 石结构房屋横墙洞口的水平截面面积，大于全截面面积的1/3； 12 受压墙表面风化、剥落，砂浆粉化，有效截面削弱达1/5以上； 13 其他显著影响结构整体性的裂缝、变形、错位等情况； 14 墙体因缺少拉结石而出现局部坍塌。	$n_w=$	n_{dw}	承重结构危险构件百分数 $P_{sdm}=(2.4n_{dc}+2.4n_{dw}+2.4n_{ds})/(2.4n_c+2.4n_w+n_s)\times100\%=$

构件名称	构件判定方法	构件总数	危险构件数	构件百分数
混凝土板	1 板产生超过 $L_0/150$ 的挠度，且受拉区的裂缝宽度大于 1mm； 2 板受力主筋处产生横向水平裂缝和斜裂缝，缝宽大于 1mm，板产生宽度大于 0.4mm 的受拉裂缝； 3 板因主筋锈蚀，产生沿主筋方向的裂缝，缝宽大于 1mm，或构件混凝土严重缺损，或混凝土保护层严重脱落、露筋，钢筋锈蚀后有效截面小于 4/5； 4 板有效搁置长度小于规定值的 70%。	$n_s=$	$n_{ds}=$	承重结构危险构件百分数 $P_{sdm}=(2.4n_{dc}+2.4n_{dw}+n_{ds})/(2.4n_c+2.4n_w+n_s)\times100\%=$

房屋组成部分评定

房屋组成部分隶属函数	$\mu_a=\begin{cases}1 & (p=0\%)\\0 & (p\neq0\%)\end{cases}$ $\mu_b=\begin{cases}1 & (0\%<p\leqslant5\%)\\(30\%-p)/25\% & (5\%<p<30\%)\\0 & (p\geqslant30\%)\end{cases}$ $\mu_c=\begin{cases}0 & (p\leqslant5\%)\\(p-5\%)/25\% & (5\%<p<30\%)\\(100\%-p)/70\% & (30\%\leqslant p\leqslant100\%)\end{cases}$ $\mu_d=\begin{cases}0 & (p\leqslant30\%)\\(p-30\%)/70\% & (30\%<p<100\%)\\1 & (p=100\%)\end{cases}$	房屋组成部分等级	地基基础	上部结构	围护结构
		a	$\mu_{af}=$	$\mu_{as}=$	$\mu_{aes}=$
		b	$\mu_{bf}=$	$\mu_{bs}=$	$\mu_{bes}=$
		c	$\mu_{cf}=$	$\mu_{cs}=$	$\mu_{ces}=$
		d	$\mu_{df}=$	$\mu_{ds}=$	$\mu_{des}=$

房屋综合评定

房屋隶属函数	A	$\mu_A=\max[\min(0.3,\mu_{af}),\min(0.6,\mu_{as}),\min(0.1,\mu_{aes})]=$	评定等级为： A（ ）
	B	$\mu_B=\max[\min(0.3,\mu_{bf}),\min(0.6,\mu_{bs}),\min(0.1,\mu_{bes})]=$	B（ ）
	C	$\mu_C=\max[\min(0.3,\mu_{cf}),\min(0.6,\mu_{cs}),\min(0.1,\mu_{ces})]=$	C（ ）
	D	$\mu_D=\max[\min(0.3,\mu_{df}),\min(0.6,\mu_{ds}),\min(0.1,\mu_{des})]=$	D（ ）

评 定 方 法

1 $\mu_{df}\geqslant0.75$，为 D 级（整幢危房）。

2 $\mu_{ds}\geqslant0.75$，为 D 级（整幢危房）。

3 $\max(\mu_A,\mu_B,\mu_C,\mu_D)=\mu_A$，综合判断结果为 A 级（非危房）。

4 $\max(\mu_A,\mu_B,\mu_C,\mu_D)=\mu_B$，综合判断结果为 B 级（危险点房）

5 $\max(\mu_A,\mu_B,\mu_C,\mu_D)=\mu_C$，综合判断结果为 C 级（局部危房）。

6 $\max(\mu_A,\mu_B,\mu_C,\mu_D)=\mu_D$，综合判断结果为 D 级（整幢危房）。

附录 C.7 砌体结构—钢屋架房屋危险性鉴定用表

房屋名称		地址			建造时间	
用途	住宅（ ）其他（ ）	规模	总长___ m 总宽___ m 总高___ m 共___层		结构形式	砌体结构

房屋场地危险性鉴定	
危险场地判定方法	是否为危险场地
1 对建筑物有潜在威胁或直接危害的滑坡、地裂、地陷、泥石流、崩塌以及岩溶、土洞强烈发育地段； 2 暗坡边缘；浅层故河道及暗埋的塘、浜、沟等场地； 3 已经有明显变形下陷趋势的采空区。	是（ ） 否（ ）

房屋组成构件危险点判定				
构件名称	构件判定方法	构件总数	危险构件数	构件百分数
地基	1 地基沉降速度连续 2 个月大于 4mm/月，并且短期内无终止趋向； 2 地基产生不均匀沉降，上部墙体产生裂缝宽度大于 10mm，且房屋局部倾斜率大于 1%； 3 地基不稳定产生滑移，水平位移量大于 10mm，并对上部结构有显著影响，且仍有继续滑动的迹象。	$n=$	$n_d=$	地基基础危险构件百分数 $P_{fdm}=n_d/n\times100\%$ $=$
基础	1 基础腐蚀、酥碎、折断，导致结构明显倾斜、位移、裂缝、扭曲等； 2 基础已有滑动，水平位移速度连续 2 个月大于 2mm/月，并在短期内无终止趋向； 3 基础已产生通裂裂缝大于 10mm，上部墙体多处出现裂缝且最大裂缝宽度达 10mm 以上。	$n=$	$n_d=$	
砌体墙	1 受压墙沿受力方向产生缝宽大于 2mm、缝长超过层高 1/2 的竖向裂缝，或产生缝长超过层高 1/3 的多条竖向裂缝； 2 受压墙表面风化、剥落，砂浆粉化，有效截面削弱达1/4以上； 3 支承梁或屋架端部的墙体截面因局部受压产生多条竖向裂缝，或裂缝宽度已超过 1mm； 4 墙因偏心受压产生水平裂缝，缝宽大于 0.5mm； 5 墙产生倾斜，其倾斜率大于 0.7%，或相邻墙体连接处断裂成通缝； 6 墙刚度不足，出现挠曲鼓闪，且在挠曲部位出现水平或交叉裂缝； 7 砌体墙高厚比：单层大于 24，二层大于 18，且墙体自由长度大于 6m。	$n_w=$	$n_{dw}=$	承重结构危险构件百分数 $(2.4n_{dc}+2.4n_{dw}+1.9n_{drt})/(2.4n_c+2.4n_w+1.9n_{rt})\times100\%=$

构件名称	构件判定方法	构件总数	危险构件数	构件百分数
钢屋架	1 构件或连接件有裂缝或锐角切口；焊缝、螺栓或铆接有拉开、变形、滑移、松动、剪坏等严重损坏； 2 连接方式不当，构造有严重缺陷； 3 受拉构件因锈蚀，截面减少大于原截面的 10%； 4 梁、板等构件挠度大于 $L_0/250$，或大于 45mm； 5 实腹梁侧弯矢高大于 $L_0/600$，且有发展迹象； 6 屋架产生大于 $L_0/250$ 或大于 40mm 的挠度；屋架支撑系统松动失稳，导致屋架倾斜，倾斜量超过 $h/150$。	$n_{rt}=$	$n_{drt}=$	承重结构危险构件百分数 $(2.4n_{dc}+2.4n_{dw}+1.9n_{drt})/(2.4n_c+2.4n_w+1.9n_{rt})\times 100\%=$

房屋组成部分评定

房屋组成部分隶属函数		房屋组成部分等级	地基基础	上部结构	围护结构
$\mu_a=\begin{cases}1 & (p=0\%)\\ 0 & (p\neq 0\%)\end{cases}$ $\mu_b=\begin{cases}1 & (0\%<p\leqslant 5\%)\\ (30\%-p)/25\% & (5\%<p<30\%)\\ 0 & (p\geqslant 30\%)\end{cases}$ $\mu_c=\begin{cases}0 & (p\leqslant 5\%)\\ (p-5\%)/25\% & (5\%<p<30\%)\\ (100\%-p)/70\% & (30\%\leqslant p\leqslant 100\%)\end{cases}$ $\mu_d=\begin{cases}0 & (p\leqslant 30\%)\\ (p-30\%)/70\% & (30\%<p<100\%)\\ 1 & (p=100\%)\end{cases}$		a	$\mu_{af}=$	$\mu_{as}=$	$\mu_{aes}=$
		b	$\mu_{bf}=$	$\mu_{bs}=$	$\mu_{bes}=$
		c	$\mu_{cf}=$	$\mu_{cs}=$	$\mu_{ces}=$
		d	$\mu_{df}=$	$\mu_{ds}=$	$\mu_{des}=$

房屋综合评定

房屋隶属函数			评定等级为： A（ ）
	A	$\mu_A=\max[\min(0.3,\mu_{af}),\min(0.6,\mu_{as}),\min(0.1,\mu_{aes})]=$	B（ ）
	B	$\mu_B=\max[\min(0.3,\mu_{bf}),\min(0.6,\mu_{bs}),\min(0.1,\mu_{bes})]=$	C（ ）
	C	$\mu_C=\max[\min(0.3,\mu_{cf}),\min(0.6,\mu_{cs}),\min(0.1,\mu_{ces})]=$	D（ ）
	D	$\mu_D=\max[\min(0.3,\mu_{df}),\min(0.6,\mu_{ds}),\min(0.1,\mu_{des})]=$	

评 定 方 法

1 $\mu_{df}\geqslant 0.75$，为 D 级（整幢危房）。

2 $\mu_{ds}\geqslant 0.75$，为 D 级（整幢危房）。

3 $\max(\mu_A,\mu_B,\mu_C,\mu_D)=\mu_A$，综合判断结果为 A 级（非危房）。

4 $\max(\mu_A,\mu_B,\mu_C,\mu_D)=\mu_B$，综合判断结果为 B 级（危险点房）

5 $\max(\mu_A,\mu_B,\mu_C,\mu_D)=\mu_C$，综合判断结果为 C 级（局部危房）。

6 $\max(\mu_A,\mu_B,\mu_C,\mu_D)=\mu_D$，综合判断结果为 D 级（整幢危房）。

附录 C.8 石结构—钢屋架房屋危险性鉴定用表

房屋名称		地址		建造时间	
用途	住宅（ ）其他（ ）	规模	总长＿＿m 总宽＿＿m 总高＿＿m 共＿＿层	结构形式	石结构

房屋场地危险性鉴定		
危险场地判定方法		**是否为危险场地**
1 对建筑物有潜在威胁或直接危害的滑坡、地裂、地陷、泥石流、崩塌以及岩溶、土洞强烈发育地段；		是（ ）
2 暗坡边缘；浅层故河道及暗埋的塘、浜、沟等场地； 3 已经有明显变形下陷趋势的采空区。		否（ ）

房屋组成构件危险点判定				
构件名称	构件判定方法	构件总数	危险构件数	构件百分数
地基	1 地基沉降速度连续 2 个月大于 4mm/月，并且短期内无终止趋向； 2 地基产生不均匀沉降，上部墙体产生裂缝宽度大于 10mm，且房屋局部倾斜率大于 1‰； 3 地基不稳定产生滑移，水平位移量大于 10mm，并对上部结构有显著影响，且仍有继续滑动的迹象。	$n=$	$n_d=$	地基基础危险构件百分数 $P_{fdm}=n_d/n\times100\%$ =
基础	1 基础腐蚀、酥碎、折断，导致结构明显倾斜、位移、裂缝、扭曲等； 2 基础已有滑动，水平位移速度连续 2 个月大于 2mm/月，并在短期内无终止趋向； 3 基础已产生通裂裂缝大于 10mm，上部墙体多处出现裂缝且最大裂缝宽度达 10mm 以上。	$n=$	$n_d=$	
石结构墙	1 承重墙或门窗间墙出现阶梯形斜向裂缝，且最大裂缝宽度大于 10mm； 2 承重墙整体沿某水平灰缝滑移大于 3mm； 3 承重墙、柱产生倾斜，其倾斜率大于 1/200； 4 纵横墙连接处竖向裂缝最大宽度大于 2mm； 5 料石楼板或梁与承重墙体错位后，错位长度大于原搭接长度的 1/25； 6 支撑梁或屋架端部的承重墙体个别石块断裂或垫块压碎； 7 墙因偏心受压产生水平裂缝，缝宽大于 0.5mm；墙体竖向通缝长度超过 1000mm； 8 墙刚度不足，出现挠曲鼓闪，且在挠曲部位出现水平或交叉裂缝； 9 石砌墙高厚比：单层大于 18，二层大于 15，且墙体自由长度大于 6m； 10 墙体的偏心距达墙厚的 1/6； 11 石结构房屋横墙洞口的水平截面面积，大于全截面面积的 1/3； 12 受压墙表面风化、剥落，砂浆粉化，有效截面削弱达 1/5 以上； 13 其他显著影响结构整体性的裂缝、变形、错位等情况； 14 墙体因缺少拉结石而出现局部坍塌。	$n_w=$	$n_{dw}=$	承重结构危险构件百分数 $(2.4n_{dc}+2.4n_{dw}+1.9n_{drt})/(2.4n_c+2.4n_w+1.9n_{rt})\times100\%=$

构件名称	构件判定方法	构件总数	危险构件数	构件百分数
钢屋架	1 构件或连接件有裂缝或锐角切口；焊缝、螺栓或铆接有拉开、变形、滑移、松动、剪坏等严重损坏； 2 连接方式不当，构造有严重缺陷； 3 受拉构件因锈蚀，截面减少大于原截面的 10%； 4 梁、板等构件挠度大于 $L_0/250$，或大于 45mm； 5 实腹梁侧弯矢高大于 $L_0/600$，且有发展迹象； 6 屋架产生大于 $L_0/250$ 或大于 40mm 的挠度；屋架支撑系统松动失稳，导致屋架倾斜，倾斜量超过 $h/150$。	$n_{rt}=$	$n_{drt}=$	承重结构危险构件百分数 $(2.4n_{dc}+2.4n_{dw}+1.9n_{drt})/(2.4n_r+2.4n_w+1.9n_{rt})\times100\%=$

房屋组成部分评定

房屋组成部分隶属函数		房屋组成部分等级	地基基础	上部结构	围护结构
$\mu_a=\begin{cases}1 & (p=0\%)\\0 & (p\neq0\%)\end{cases}$		a	$\mu_{af}=$	$\mu_{as}=$	$\mu_{aes}=$
$\mu_b=\begin{cases}1 & (0\%<p\leq5\%)\\(30\%-p)/25\% & (5\%<p<30\%)\\0 & (p\geq30\%)\end{cases}$		b	$\mu_{bf}=$	$\mu_{bs}=$	$\mu_{bes}=$
$\mu_c=\begin{cases}0 & (p\leq5\%)\\(p-5\%)/25\% & (5\%<p<30\%)\\(100\%-p)/70\% & (30\%\leq p<100\%)\end{cases}$		c	$\mu_{cf}=$	$\mu_{cs}=$	$\mu_{ces}=$
$\mu_d=\begin{cases}0 & (p\leq30\%)\\(p-30\%)/70\% & (30\%<p<100\%)\\1 & (p=100\%)\end{cases}$		d	$\mu_{df}=$	$\mu_{ds}=$	$\mu_{des}=$

房屋综合评定

房屋隶属函数			评定等级为：
	A	$\mu_A=\max[\min(0.3,\mu_{af}),\min(0.6,\mu_{as}),\min(0.1,\mu_{aes})]=$	A（　）
	B	$\mu_B=\max[\min(0.3,\mu_{bf}),\min(0.6,\mu_{bs}),\min(0.1,\mu_{bes})]=$	B（　）
	C	$\mu_C=\max[\min(0.3,\mu_{cf}),\min(0.6,\mu_{cs}),\min(0.1,\mu_{ces})]=$	C（　）
	D	$\mu_D=\max[\min(0.3,\mu_{df}),\min(0.6,\mu_{ds}),\min(0.1,\mu_{des})]=$	D（　）

评 定 方 法

1 $\mu_{df}\geq0.75$，为 D 级（整幢危房）。

2 $\mu_{ds}\geq0.75$，为 D 级（整幢危房）。

3 $\max(\mu_A,\mu_B,\mu_C,\mu_D)=\mu_A$，综合判断结果为 A 级（非危房）。

4 $\max(\mu_A,\mu_B,\mu_C,\mu_D)=\mu_B$，综合判断结果为 B 级（危险点房）

5 $\max(\mu_A,\mu_B,\mu_C,\mu_D)=\mu_C$，综合判断结果为 C 级（局部危房）。

6 $\max(\mu_A,\mu_B,\mu_C,\mu_D)=\mu_D$，综合判断结果为 D 级（整幢危房）。

附录 C.9 石结构—石楼盖房屋危险性鉴定用表

房屋名称		地址		建造时间	
用途	住宅（ ）其他（ ）	规模	总长＿＿m 总宽＿＿m 总高＿＿m 共＿＿层	结构形式	石结构

房屋场地危险性鉴定		
危险场地判定方法		是否为危险场地
1 对建筑物有潜在威胁或直接危害的滑坡、地裂、地陷、泥石流、崩塌以及岩溶、土洞强烈发育地段； 2 暗坡边缘；浅层故河道及暗埋的塘、浜、沟等场地； 3 已经有明显变形下陷趋势的采空区。		是（ ） 否（ ）

房屋组成构件危险点判定				
构件名称	构件判定方法	构件总数	危险构件数	构件百分数
地基	1 地基沉降速度连续 2 个月大于 4mm/月，并且短期内无终止趋向； 2 地基产生不均匀沉降，上部墙体产生裂缝宽度大于 10mm，且房屋局部倾斜率大于 1％； 3 地基不稳定产生滑移，水平位移量大于 10mm，并对上部结构有显著影响，且仍有继续滑动的迹象。	$n=$	$n_d=$	地基基础危险构件百分数 $P_{fdm}=n_d/n\times100\%$ $=$
基础	1 基础腐蚀、酥碎、折断，导致结构明显倾斜、位移、裂缝、扭曲等； 2 基础已有滑动，水平位移速度连续 2 个月大于 2mm/月，并在短期内无终止趋向； 3 基础已产生通裂裂缝大于 10mm，上部墙体多处出现裂缝且最大裂缝宽度达 10mm 以上。	$n=$	$n_d=$	
石结构墙	1 承重墙或门窗间墙出现阶梯形斜向裂缝，且最大裂缝宽度大于 10mm； 2 承重墙民整体沿某水平灰缝滑移大于 3mm； 3 承重墙、柱产生倾斜，其倾斜率大于 1/200； 4 纵横墙连接处竖向裂缝最大宽度大于 2mm； 5 料石楼板或梁与承重墙体错位后，错位长度大于原搭接长度的 1/25； 6 支撑梁或屋架端部的承重墙体个别石块断裂或垫块压碎； 7 墙因偏心受压产生水平裂缝，缝宽大于 0.5mm；墙体竖向通缝长度超过 1000mm； 8 墙刚度不足，出现挠曲鼓闪，且在挠曲部位出现水平或交叉裂缝； 9 石砌墙高厚比：单层大于 18，二层大于 15，且墙体自由长度大于 6m。墙体的偏心距达墙厚的 1/6； 10 石结构房屋横墙洞口的水平截面面积，大于全截面面积的 1/3； 11 受压墙表面风化、剥落，砂浆粉化，有效截面削弱达 1/5 以上； 12 其他显著影响结构整体性的裂缝、变形、错位等情况； 13 墙体因缺少拉结石而出现局部坍塌。	$n_w=$	$n_{dw}=$	承重结构危险构件百分数 P_{sdm} （ $2.4n_{dc}+2.4n_{dw}+n_{ds}$)/($2.4n_c+2.4n_w+n_s$ ）$\times100\%=$

构件名称	构件判定方法	构件总数	危险构件数	构件百分数
石楼盖	1 石楼板净跨超过 4m 或悬挑石梁； 2 石梁或石楼板出现断裂； 3 梁端在柱顶搭接处出现错位，错位长度大于柱沿梁支撑方向上的截面高度 h（当柱为圆柱时，h 为柱截面的直径）的 1/25； 4 料石楼板或梁与承重墙体错位后，错位长度大于原搭接长度的 1/25。	$n_s =$	$n_{ds} =$	承重结构危险构件百分数 $P_{sdm} = (2.4 n_{dc} + 2.4 n_{dw} + n_{ds}) / (2.4 n_c + 2.4 n_w + n_s) \times 100\% =$

房屋组成部分评定

房屋组成部分隶属函数		房屋组成部分等级	地基基础	上部结构	围护结构
$\mu_a = \begin{cases} 1 & (p=0\%) \\ 0 & (p \neq 0\%) \end{cases}$ $\mu_b = \begin{cases} 1 & (0\% < p \leq 5\%) \\ (30\%-p)/25\% & (5\% < p < 30\%) \\ 0 & (p \geq 30\%) \end{cases}$ $\mu_c = \begin{cases} 0 & (p \leq 5\%) \\ (p-5\%)/25\% & (5\% < p < 30\%) \\ (100\%-p)/70\% & (30\% \leq p \leq 100\%) \end{cases}$ $\mu_d = \begin{cases} 0 & (p \leq 30\%) \\ (p-30\%)/70\% & (30\% < p < 100\%) \\ 1 & (p = 100\%) \end{cases}$		a	$\mu_{af} =$	$\mu_{as} =$	$\mu_{aes} =$
		b	$\mu_{bf} =$	$\mu_{bs} =$	$\mu_{bes} =$
		c	$\mu_{cf} =$	$\mu_{cs} =$	$\mu_{ces} =$
		d	$\mu_{df} =$	$\mu_{ds} =$	$\mu_{des} =$

房屋综合评定

房屋隶属函数			
A	$\mu_A = \max[\min(0.3, \mu_{af}), \min(0.6, \mu_{as}), \min(0.1, \mu_{aes})] =$	评定等级为：	A （ ）
B	$\mu_B = \max[\min(0.3, \mu_{bf}), \min(0.6, \mu_{bs}), \min(0.1, \mu_{bes})] =$		B （ ）
C	$\mu_C = \max[\min(0.3, \mu_{cf}), \min(0.6, \mu_{cs}), \min(0.1, \mu_{ces})] =$		C （ ）
D	$\mu_D = \max[\min(0.3, \mu_{df}), \min(0.6, \mu_{ds}), \min(0.1, \mu_{des})] =$		D （ ）

评 定 方 法

1 $\mu_{df} \geq 0.75$，为 D 级（整幢危房）。

2 $\mu_{ds} \geq 0.75$，为 D 级（整幢危房）。

3 $\max(\mu_A, \mu_B, \mu_C, \mu_D) = \mu_A$，综合判断结果为 A 级（非危房）。

4 $\max(\mu_A, \mu_B, \mu_C, \mu_D) = \mu_B$，综合判断结果为 B 级（危险点房）

5 $\max(\mu_A, \mu_B, \mu_C, \mu_D) = \mu_C$，综合判断结果为 C 级（局部危房）。

6 $\max(\mu_A, \mu_B, \mu_C, \mu_D) = \mu_D$，综合判断结果为 D 级（整幢危房）。

本导则用词用语说明

1 为了便于在执行本导则条文时区别对待，对要求严格程度不同的用词说明如下：

　　1）表示很严格，非这样做不可的用词：

　　　　正面词采用"必须"；反面词采用"严禁"。

　　2）表示严格，在正常情况下均应这样做的用词：

　　　　正面词采用"应"；反面词采用"不应"或"不得"。

　　3）表示允许稍有选择，在条件许可时首先应这样做的用词：

　　　　正面词采用"宜"或"可"；反面词采用"不宜"。

2 条文中指明应按其他有关标准、规范执行时，写法为："应按……执行"或"应符合……要求（或规定）"。

农村危险房屋鉴定技术导则

条 文 说 明

1 总　　则

1.0.1　农村建筑系指农村与乡镇中层数为一、二层的一般民用房屋。相对于城市建筑，我国农村建筑具有单体规模矮小、造价低廉、安全度水平偏低等特点。由于农村建筑存在主体结构材料强度低（如土木、砖木、石木结构）、结构整体性差、房屋各构件之间连接薄弱等问题，多数房屋都在不同程度上存在安全隐患。

1.0.2　"既有"房屋应是指已投入使用的房屋。

房屋概念可作如下表述：房屋是指固定在土地上，有屋面和围护结构，可供人们直接地在其内部进行生产、工作、生活、学习、储藏或其他活动的建筑物，房屋一般都以平方米面积计算。根据这一表述，《导则》鉴定的对象应该明确以下二条：

1　不包括其他构筑物在内，如道路、桥梁、隧道、码头等，甚至排除与房屋极其近似或密切相关的构筑物，如宝塔、亭台、烟囱、碉堡、基穴、假山等。

2　凡正在建造的工程，即使是房屋，由于它处于形成阶段，不属于完成了的房屋，所以理应排除在外。这就区别："工程验收"和"房屋鉴定"两类标准的分界线。

1.0.3　由于农村房屋类型较多，为了实现房屋类型的基本覆盖，并考虑到农村的技术水平及可操作性等因素，本导则推荐采用以定性鉴定为主、定量鉴定为辅的鉴定方法。对于常见结构类型房屋，一般情况下可直接采用定性鉴定结果，必要时才采用定量鉴定方法进行再判。

1.0.4　本导则依据房屋所在场地对房屋作出鉴定，如房屋处于危险场地，则无论房屋上部结构如何，即可直接判定为危险房屋。

1.0.5　由于对房屋承载力计算、房屋传力体系的调查、房屋荷载调查、结构验算的成本太高，农村专业技术力量和技术装备有限，且绝大多数房屋都没有经过设计，难以有效实施。所以规范条文将承载力验算仅作为有条件的少数地区进行，大多数地区不考虑承载力验算，而通过房屋表象评估来实现对承载力的判断。这样提高本导则在农村地区的可操作性。

1.0.6　根据主要承重构件使用性能及承载力和稳定性等方面来定义了危险房屋的概念。

1.0.7　因农村地域广阔，标准对鉴定人员提出基本的资格要求。有专业知识人员是指土木工程专业大专以上学历者。

1.0.8　规定了农村危险房屋、各类有特殊要求的建筑危险性鉴定尚需参照有关专业技术标准和规范进行。条文中"有特殊要求的建筑"系指高温、高湿、强震、腐蚀等特殊环境下的农村房屋。鉴定的是"危险房屋"而不是"危险环境"，也就是说，本导则只能从房屋导致危险的自身原因去作出判断，而不包括各种自然灾害（地震、风暴等）对房屋可能造成危害的预测，但若在自然灾害后，其影响所及，使一些房屋产生危险时，则仍应从房屋本身作出鉴定。

2 术 语 和 符 号

    术语主要是根据现行国家标准《工程结构设计基本术语和通用符号》GBJ132、《建筑结构设计术语和符号标准》GB/T50083、《建筑结构可靠度设计统一标准》GB50068 给出的。对农村各类房屋的结构类型进行界定，明确各结构类型的定义及所包含的基本形式，解释本导则所采用的主要符号的意义。

3 鉴定程序与评定方法

3.1 鉴 定 程 序

根据我国的房屋危险鉴定的实践，并参考国外的有关资料，制订了本导则的房屋危险性鉴定程序。

3.2 评 定 方 法

本导则规定，房屋危险性鉴定时，先对房屋所在场地进行鉴定。当房屋所在场地鉴定为非危险场地时，再采用定性鉴定或定量鉴定的方法对房屋的危险性进行鉴定。

房屋危险性定性鉴定采取综合评定，本导则规定了综合评定应遵循的基本原则，在总结大量鉴定实践的基础上，把危险房屋评定按三个层次进行，使评定更加科学、合理和便于操作、满足实际工作需要。最大限度发挥专业技术人员的丰富实践经验和综合分析能力。

参照针对汶川地震制定的《地震灾后建筑鉴定与加固技术指南》，本导则定性鉴定划分为四个等级，以弥补有些村镇房屋无法定量鉴定的缺陷。

3.3 等 级 划 分

定性鉴定的结果，应以统一划分的房屋破坏等级表示。本导则按下列原则划分为四个等级：A级

其宏观表征为：地基基础保持稳定；承重构件完好；结构构造及连接保持完好；结构未发生倾斜和超过规定的变形。

B级

其宏观表征为：地基基础保持稳定；个别承重构件出现轻微裂缝，个别部位的结构构造及连接可能受到轻度损伤，尚不影响结构共同工作和构件受力；个别非承重构件可能有明显损坏，结构未发生影响使用安全的倾斜或变形；附属构、配件或其固定连接件可能有不同程度损坏，经一般修理后可继续使用。

C级

其宏观表征为：地基基础尚保持稳定；多数承重构件或抗侧向作用构件出现裂缝，部分存在明显裂缝；不少部位构造的连接受到损伤，部分非承重构件严重破坏；经鉴定加固后可继续使用。

D级

其宏观表征为：地基基础出现损害；多数承重构件严重破坏，结构构造及连接受到严重损坏；结构整体牢固性受到威胁，局部结构濒临坍塌。

4　场地危险性鉴定

4.1.1　滑坡是黄土地区、丘陵地区及河、湖岸边等常见的灾害，尤其黄土地区的滑坡，在历史上有多次记录，危害极大。软弱土的塌陷也是常见的灾害现象，地基失稳引起的不均匀沉降对于结构整体性较差的农村房屋更易造成严重破坏，使得墙体裂缝或错位，这种破坏往往贯通到基础，房屋损害后难以修复；上部结构和基础整体性较好时地基不均匀沉降则会造成建筑物倾斜。

5 房屋危险性定性鉴定

5.1 一 般 规 定

5.1.1~5.1.4

1 定性鉴定应以房屋结构体系中每一独立部分为对象进行；

2 定性鉴定应由本地区建设行政主管部门统一组织有关专业机构和高等院校的专家和技术人员，经短期培训后进行；

3 定性鉴定应以目测建筑损坏情况和经验判断为主，必要时，应查阅尚存的建筑档案或辅以仪器检测。定性鉴定应采用统一编制的检查检测记录表格。

5.2 房屋评定方法

5.2.1~5.2.4 对各类结构的检查要点如下：

对砖混房屋的检查，应着重检查承重墙、楼、屋盖及墙体交接处的连接构造。并检查非承重墙和容易倒塌的附属构件。检查时，应着重区分：抹灰层等装饰层的损坏与结构的损坏自承重构件的损坏与非承重构件的损坏，以及沿灰缝发展的裂缝与沿块材断裂、贯通的裂缝等。

对钢筋混凝土房屋的检查，应着重检查柱、梁和楼板以及围护墙。检查时，应着重区分抹灰、饰面砖等装饰层的损坏与结构损坏；主要承重构件及抗侧向作用构件的损坏与非承重构件及非抗侧向作用构件的损坏；一般裂缝与剪切裂缝、有剥落、压碎前兆的裂缝、粘结滑移的裂缝及搭接区的劈裂裂缝等。

对传统结构房屋的检查，应着重检查木柱、砖、石柱、砖、石过梁、承重砖、石墙和木屋盖，以及其相互间锚固、拉结情况，并检查非承重墙和附属构件。

6 房屋危险性定量鉴定

6.1 一 般 规 定

6.1.1 本条在房屋危险性鉴定实践经验总结和广泛征求意见的基础上对危险性构件进行了重新定义。

6.1.2 条文中的"自然间"是指按结构计算单元的划分确定,具体地讲是指房屋结构平面中,承重墙或梁围成的闭合体。

6.3 地基基础危险性鉴定

6.3.1~6.3.3 地基基础的检测鉴定是房屋危险性鉴定中的难点,本节根据有关标准规定和长期试验研究成果,确定了其鉴定内容和危险限值。

6.4 砌体结构构件危险性鉴定

6.4.1 本条规定砌体结构构件应进行的必要检验工作。

6.4.2 这些条款具体规定了砌体结构危险限值。

6.5 木结构构件危险性鉴定

6.5.1 本条规定木结构构件应进行的必要检验工作。

6.5.2 这些条款具体规定了木结构危险限值。

斜率 ρ 值和材质心腐缺陷,是参照现行国家标准《古建筑木结构维护与加固技术规范》(GB 50165)确定。

6.6 石结构构件危险性鉴定

6.6.1 本条规定石结构构件应进行的必要检验工作。

6.6.2 这些条款具体规定了石结构构件危险限值。

6.7 生土结构构件危险性鉴定

6.7.1 本条规定生土结构构件应进行的必要检验工作。

6.7.2 这些条款具体规定了生土结构构件危险限值。

6.8 混凝土结构构件危险性鉴定

6.8.1 本条规定混凝土结构构件应进行的必要检验工作。

6.8.2 这些条款具体规定了混凝土结构构件危险限值。

本导则规定了柱墙侧向变形值 $h/250$ 或 30mm 内容,并规定墙柱倾斜率 1% 和位移量为 $h/500$。

6.9 钢结构构件危险性鉴定

6.9.1 本条规定钢结构构件应进行的必要检验工作。

6.9.2 这些条款具体规定了钢结构构件危险限值，梁、板等变形位移值 $L_0/250$，侧弯矢高 $L_0/600$，平面外倾斜值 $h/500$，以上限制参照了现行国家标准《工业建筑可靠性鉴定标准》（GB 50144）。

附录2

农村危险房屋鉴定系统使用说明

1 引　言

　　农村危险房屋鉴定系统是专门针对农村危险房屋鉴定而开发的，通用性很强，集鉴定教程、危房定性鉴定、危房定量鉴定于一体，涵盖了我国农村地区普遍出现的九种房屋结构形式，实现了对农村危险房屋鉴定的综合管理。本系统以《农村危险房屋鉴定技术导则（试行）》为基础，结合农村实地调查和危房鉴定，形成了相对完善、功能齐全的应用软件。

2 软件的安装和启动

2.1 软件的运行环境

操作系统：中文 Microsoft Windows XP 以上版本，并需要 Microsoft . NET Framework Version 2.0 以上环境支持。

2.2 软 件 安 装

本软件系统为绿色软件，软件本身不需要安装，双击"村镇危险房屋鉴定系统.exe"，即可进入软件系统。当系统没有安装 Microsoft . NET Framework Version 2.0 以上版本时，运行 EXE 程序会有提示并退出程序。这种情况下，您可以：

1) 去微软公司网站下载安装 NET Framework，下载地址：http：//www. microsoft. com/downloads/details. aspx？FamilyID＝0856EACB－4362－4B0D－8EDD－AAB15C5E04F5＆displaylang＝en

2) 或使用软件系统附带的 dotnetfx3. exe，双击该 EXE 文件将安装 Microsoft . NET Framework Version 3.0。

安装过程中可能需要重新启动计算机。安装完毕后即可正常使用本软件系统。

2.3 启 动 软 件

双击"农村危险房屋鉴定系统 . exe"即可进入软件系统。为方便使用，可以桌面上创建快捷方式，以后双击该快捷方式后亦可快速进入软件系统。

2.4 技 术 支 持

本软件下载地址为：

1) www. chinaprestress. com/main/？p＝4

2) www. cabp. com. cn/td/cabp18400. rar

在使用过程中如有疑问，可与以下邮箱联系：

wfjdxt@gmail. com

3 软件使用说明

3.1 主 界 面

本系统的主界面简单清晰，主要包括菜单、时间和日期、程序主窗口几部分。此界面主要有以下功能：

（1）调用各子窗口

（2）显示当前日期

（3）关于界面

（4）退出系统

主界面如附图1所示。

附图1　主界面

3.2 鉴 定 教 程

鉴定教程包含四个子目录，分别为鉴定技术导则、危险组成构件判定、软件鉴定教程和鉴定工具。分别满足了使用者的不同需求，主要起到一个指导评估者进行危房鉴定的作用。通过对鉴定教程的阅读，了解农村危房鉴定方法，并借助已有破坏形式图片，帮助评估者更直观地进行危房评估。

1. 鉴定技术导则

本系统将《农村危险房屋鉴定技术导则（试行）》制作成电子书形式，点击"鉴定技术导则"菜单后，即可按章节阅读，使评估者首先对农村房屋鉴定体系有个全面综合的了解，对危险房屋术语、符号、评定流程、评定方法、隶属函数计算公式有初步认识，为此后进行农村危房鉴定打下基础。

附图 2 为鉴定技术导则模块设计。

(a)

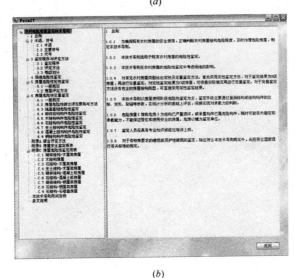

(b)

附图 2　鉴定技术导则模块

(a) 点击"鉴定技术导则"；(b) 电子书

2. 危险组成构件判定

在危险组成构件判定模块中详细列出了每一种组成构件的危险性判定方法，此方法亦是定量鉴定的危险构件判定方法。此外，根据实地调查取得的图片资料，选取其中典型破坏形式图片，并与每条方法一一对应，使评估者在具备基本的理论知识后，能通过直观的方法对农村房屋破坏形式有更深入的了解。

危险组成构件菜单下具体包括危险场地、地基及基础、砌体墙、木屋架、生土墙、木柱、混凝土板、石结构墙、钢屋架、石楼盖共 10 个子菜单，将危险构件的判定细化到每一种构件，满足评估者不同的了解要求。

附图 3 为该模块在主界面中的设计，附图 4 为砌体墙构件的判定方法，选取农村实地调查中拍摄的典型破坏图片，图名与条文一一对应。对于实地调查中发现的破坏形式，采用 CAD 绘图将其用图片形式表示出来，使使用者增加感性认识。便于对农村危险房屋做出鉴定。阅读完后可按"返回"按钮重新返回主界面，进行其他操作。其他危险房屋组成构件判定窗体设计与砌体墙类似，在此不加赘述。

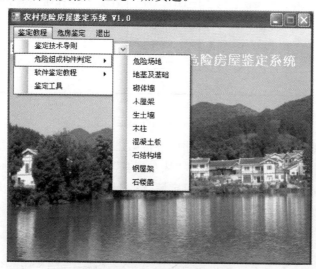

附图 3　危险组成构件判定模块

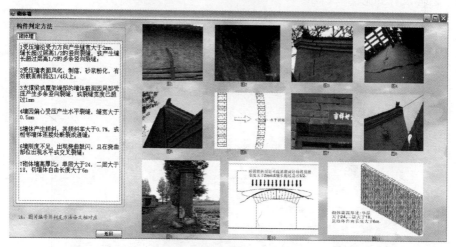

附图 4　砌体墙构件判定

3. 软件鉴定教程

鉴定教程中还包含了很重要的一部分，即软件鉴定教程，该模块详细讲述了使用该软件进行农村危险房屋鉴定的流程，该菜单下包含两个子菜单，定性鉴定和定量鉴定，规定农村房屋的鉴定顺序，包括构件的鉴定顺序，为农村危险房屋鉴定的规范化提供了重要依据。

一般农村房屋墙体及屋架的鉴定顺序如附图 5 所示。

房屋鉴定的顺序为从下到上，从外到里，从左到右，从前到后。"从下到上"是指多

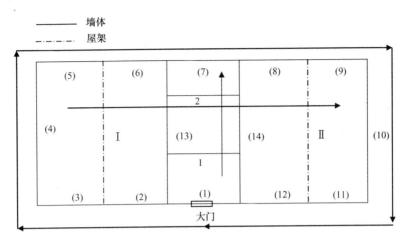

墙体 ——

屋架 —·—·—

(5) (6) (7) (8) (9)

(4) I (13) (14) II (10)

(3) (2) (1) (12) (11)

大门

附图5　房屋组件鉴定顺序

层房屋从底层开始鉴定，底层鉴定完毕才可进行第二层鉴定；"从外到里"是指外侧以大门为起点，依箭头指示方向顺时针鉴定；"从左到右"是指屋内垂直于屋架方向从左至右，依箭头方向进行鉴定，先鉴定墙体，后鉴定屋架；"从前到后"是指以大门为前，屋内平行于屋架方向从前到后，沿箭头方向鉴定。

针对本软件中定性鉴定、定量鉴定使用步骤在后一节中详细介绍。

4. 鉴定工具

在这个模块中，列出了农村危险房屋鉴定中所需的鉴定工具，并说明了每种工具的使用方法，窗体设计如附图6所示。

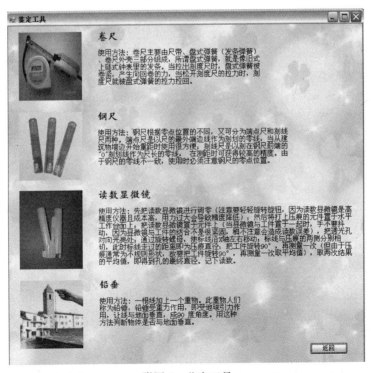

附图6　鉴定工具

农村危险房屋鉴定中，需要用到图中的四种工具，卷尺是用来测量较长工件的尺寸或距离的一种测量工具，可用来测量房屋的长、宽、高等基本数据；钢尺可用来测量较大的裂缝宽度，和铅锤配合，可用来测量房屋倾斜率；读数显微镜是利用光学原理，把人眼所不能分辨的微小物体放大成像，以供人们提取微细结构信息的光学仪器。其特点如下：（1）可调焦，并自带纯白 LED 光源照明现场，使用时不受环境光线限制。（2）带刻度，能准确读出细小物品的实际尺寸。（3）本显微镜对准观察物在调焦清晰时，本显微镜刻度尺寸上的 1 小格等于实际尺寸 0.01mm；测量范围 1.6mm。（4）放大倍数 40×，观测清晰、精确，最小格值 0.01mm。读数显微镜可用来测量细小裂缝的尺寸，铅垂线可用来测量房屋倾斜率。

3.3 危房鉴定模块设计

危房鉴定模块作为本系统较为重要的一个模块，要求具有一定专业鉴定水平的评估者才能使用，因此，只有在登录界面中输入账号和密码后进入系统的使用者有权使用本模块。

危房鉴定模块中分为定量鉴定和定性鉴定。鉴定方法依据《农村危险房屋鉴定技术导则（试行）》，通过计算机内部计算系统，省去评估者手算的时间和计算量，评估者只需输入基本的房屋信息，即可按需求进行鉴定。

1. 危险房屋定性鉴定

使用本系统进行危险房屋定性鉴定的操作顺序如附图 7 所示。

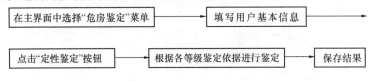

附图 7　定性鉴定操作顺序

为了确保农村房屋数据的有效性、完整性和可复查性，本系统在用户基本信息填写时进行了提醒设计，确保每一条记录都真实有效。具体界面如附图 8 所示。

定性鉴定模块如附图 9 所示。

阅读 A、B、C、D 级的判定方法，在鉴定等级下选出相应的选项，单击"保存结果"按钮，即完成一次定性鉴定。

2. 危险房屋定量鉴定

本操作系统模块依然采用可视化系统，分别输入各影响因素的构件数和达到危险构件标准的危险构件数，按视窗提示指令首先计算评价所需的中间参数，在初步确定其正确性的基础上按指令进行下一步计算。为避免数据输入错误，程序中设置了相应的预防指令，并以视窗的形式加入了操作说明和提示。

使用本系统进行危险房屋定量鉴定操作顺序如附图 10 所示，危险房屋定量鉴定模块设计如附图 11 所示。

附图 11（a）中，若在"是否为危险场地"右侧选择"是"，则直接显示出 11（b）窗口，若在"是否为危险场地"右侧选择"否"，则需要填写"房屋组成构件危险点判定"的相关基础数据，然后点击计算按钮，将根据输入的数据及设计的计算程序显示出计算结

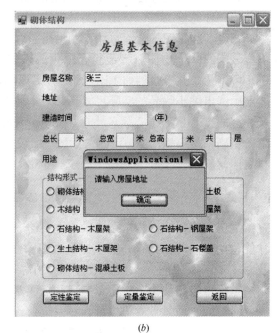

附图 8　数据有效性及安全性设计

(a) 房屋名称不能为空；(b) 房屋地址不能为空；(c) 结构形式不能为空

果，并根据计算结果判定出鉴定等级，鉴定等级窗口设计与附图 12 (b) 一样，填入处理建议后，点击"保存结果"按钮即可保存所需数据，并完成一次定量鉴定。

附图 9　定性鉴定模块设计

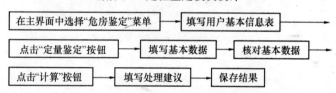

附图 10　定量鉴定操作顺序

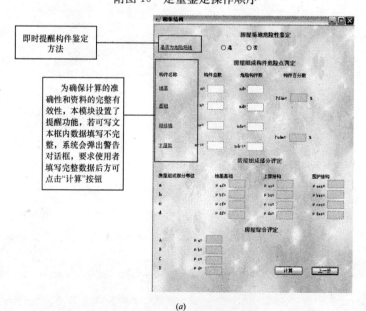

(a)

附图 11　危险房屋定量模块设计（一）

(a) 危险房屋定量鉴定表

(b)

附图 11　危险房屋定量模块设计（二）

（b）鉴定结果窗口